Fashion Installation

Body, Space, and Performance

时尚装置

身体、空间及表现

[澳]亚当·盖奇
[新西兰]维基·卡拉米娜 著
陈文晖 译

经济管理出版社
ECONOMY & MANAGEMENT PUBLISHING HOUSE

北京市版权局著作权合同登记：图字：01-2021-1383

FASHION INSTALLATION：Body,Space,and Performance by Adam Geczy and Vicki Karaminas
原书 ISBN:978-1-350-03251-4

图书在版编目（CIP）数据

时尚装置：身体、空间及表现 /［澳］亚当·盖奇（Adam Geczy），［新西兰］维基·卡拉米娜（Vicki Karaminas）著；陈文晖译 .—北京：经济管理出版社，2020. 12
ISBN 978-7-5096-7661-5

Ⅰ．①时… Ⅱ．①亚… ②维… ③陈… Ⅲ．①服装展示—艺术—世界 Ⅳ．① TS942. 8

中国版本图书馆 CIP 数据核字（2020）第 245902 号

组稿编辑：张馨予
责任编辑：张馨予
责任印制：任爱清
责任校对：张晓燕

出版发行：经济管理出版社
（北京市海淀区北蜂窝 8 号中雅大厦 A 座 11 层 100038）
网　　址：www.E-mp.com.cn
电　　话：（010）51915602
印　　刷：北京晨旭印刷厂
经　　销：新华书店
开　　本：710mm × 1000mm / 16
印　　张：10
字　　数：123 千字
版　　次：2020 年 12 月第 1 版 2020 年 12 月第 1 次印刷
书　　号：ISBN 978-7-5096-7661-5
定　　价：68.00 元

联系地址：北京阜外月坛北小街 2 号
电话：（010）68022974 邮编：100836

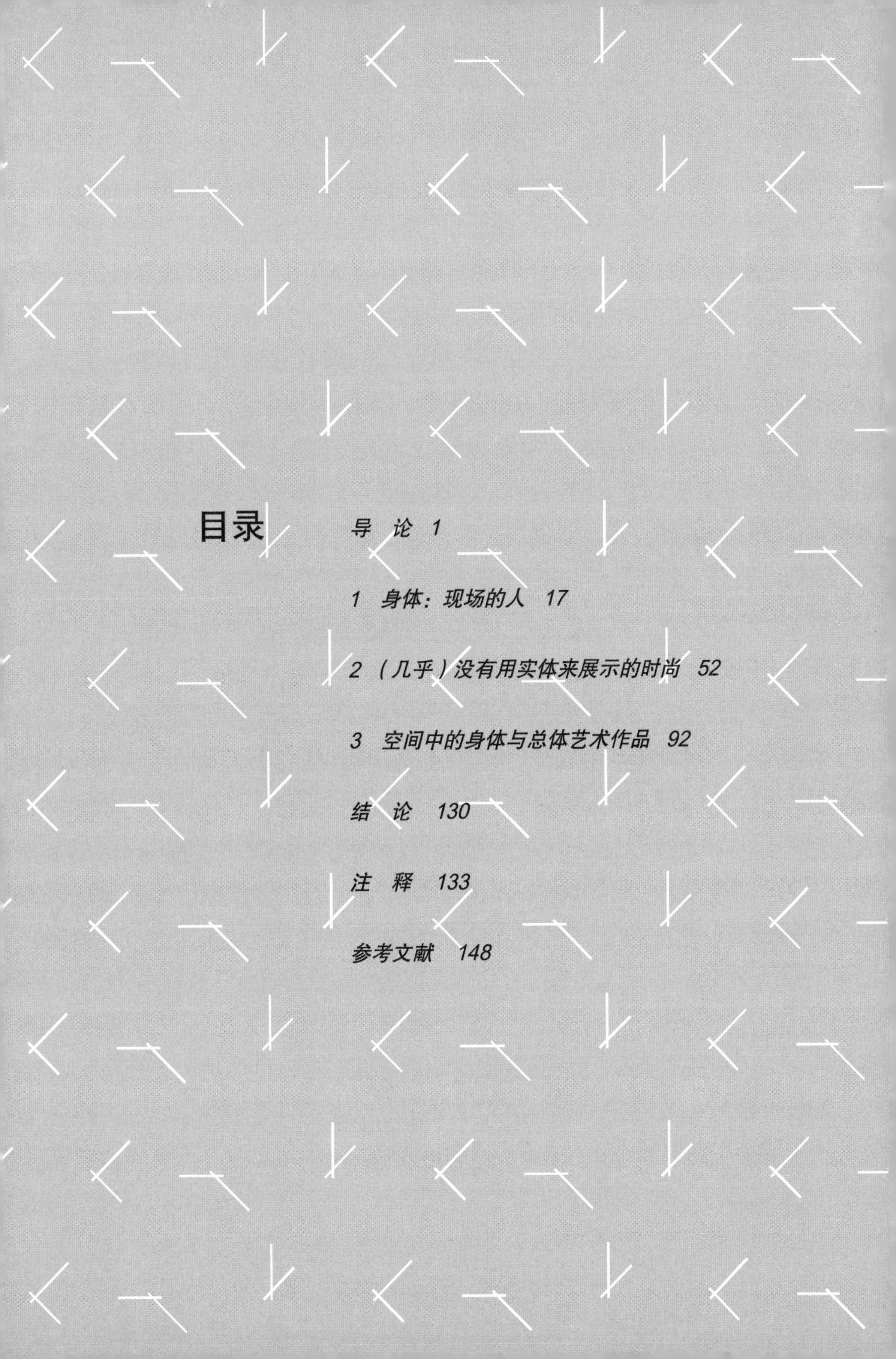

目录

导 论

当代艺术中，“装置”一词通常指的是一种使用或占用空间的艺术形式。这种空间可以是画廊或博物馆的建筑空间，也可以是更具想象力和瞬态的建筑选址。例如，当艺术品占据了传统展览空间之外的区域时。还有人认为，装置是一种排除物体“基座”的态度，其中“基座”或者说框架意味着一种理想的或非语境化的理解方式。换句话说，它要求观众忽略围绕对象所有的外部值，只看到物体内部和其自身。相比之下，“装置”要求的这些特性对于理解对象的方式来说就至关重要。因此，装置是一种实质性或非实质性的形式，从某种意义上说，它排除了可以客观来看或从孤立于空间、时间、文化或历史的角度来观看艺术品的所有可能性。无论是作为装置空间中的观察者，还是作为整体工作组件的任何一个其他主体而言，主体的作用变得非常重要。根据这个定义，“装置”就像它在艺术界中所熟知的那样，恰如其分地适应了时尚的呈现和展示方式。在过去的 20 多年里，设计师应用了越来越复杂呈现和展示方式来体现时尚，通过它来传递给时尚对象，时尚对象不是孤立存在的，而是跨越了表现和叙事内涵的网络而存在的。[1]

探索“时装秀”一词的意义，是因为抛开其他许多因素之后，如今人们对这个词语仍然不是十分理解。“时装秀”一词更多的是转喻，而不是其字面上的意思，它是指特定系列的展出和发布，而不是传统意义上的走秀。事实上，时装秀的 T 台在现在和过去都相当于是雕塑作品的“基座”，或者绘画、版画及素描的框架，也就是说，分隔物意味着一个中性的空间，在那里可以看到和理解物体。以一种理想和客观的方式来看待一个物体既方便又连贯，因为它没有区分产生意义的无数个因素。尽管没有艺术品（或时尚）声称其具有自主性，但是意识到它被安装意味着需要承认构成事物意义的组成部分。

时装秀的开始就很好地说明了时装合理化和客观化之间的差异。追溯到 14 世纪末，有证据表明，最流行的传播和交流服装潮流的形式是通过玩偶来进行的。1515 年，弗朗索瓦一世（François I）要求根据伊莎贝拉（Isabellad'Este）穿好衣服之后的样子来制作玩偶，以便指导他宫廷里的女士穿什么。[2] 但是，事实上玩偶的外形不一定是和她一模一样的。相反地，它们只是为了加快特定目标而制作的一个简单框架，这是为了确保弗朗索瓦宫廷里的人具有与他个人的威严相称的优雅穿着。随着高级定制时装的诞生，19 世纪后半叶，沃思（Worth）利用模特来炫耀他的创作，模特的通用名称是“人体模型”，尽管名人模特和超级模特并不是同一批人，但这个术语仍沿用至今。另一个用于指称模特的法语词汇是 sosie 或 double，意思是“双重的”，确保将模特视为从属于她身上穿着衣服的密码。世纪之交时的时装插图和摄影作品在时装项目和其他可扩展的职权范围之间也保持了相对清晰的划分。一般的图解要么被单独放置，要么被放置在空白的页面或版面上，或者被放置在与服装相关的装饰或活动的背景下。

我们试图追溯的家系的第一个阶段——使用装置概念镜头下的家谱。它随着爱德华·斯蒂芬（Edward Steichen）1911 年 Poiret 系列的图片收藏而来，这些照片是法国的时尚杂志《邦顿公报》和 *Jardin des*

Modes 的编辑卢西恩·沃格尔（Lucien Vogel）提出怀疑的结果，以提高摄影的重要性并提升它的艺术地位。在本系列中，斯蒂芬背离了使用时装摄影的鲜明人物形象的传统，他将模特放在一个场景中，偏向于动态而不是静止的方式来让他们摆姿势，从而传达出一种叙事感。19 世纪 90 年代在法国和英国流行的所谓“时尚剧”中，一些情节的梗概被用作炫耀时尚物品的借口。从那时起，时装和剧院开始保持密切的关系。[3] 由于被戏剧、身体和服装所吸引，同时时尚也被认为具有顽强的性格，模特穿着的服装被视为空间和时间的组成部分，存在于一套规则和意图之内，远远超出了眼前看到的形象所可以展现的。但是，在深入研究这些关系之前，有必要考虑一下装置实践的一些基本方面，因为它们是在艺术中得到发展的。

艺术和装置

艺术和装置在当代艺术中，有一种普遍的假设，即无论这件艺术是否被认为是一种装置，所有的艺术在某种程度上都是具有装置性的。基于这样的假设，没有艺术家或策展人会把欣赏一件艺术品的存在视为理所当然。考虑的因素可能会很少，例如，在绘画中考虑如门或窗户之类的建筑特征时，与现场特定工作相比，这些考虑可能是非常重要的，其中对象是根据它们放置的位置才发生一定意义。因此，装置既是一种心态，也是一种实践。例如，在阿尔勒看凡·高的画与在东京博物馆看同一幅画时可能也会有不同的体验。在阿尔勒看到它是要在那里融入画家的时代历史，而要在东京看到它就是要对那幅 20 世纪 80 年代的特定历史进行着色的作品，当时日本人以创纪录的价格购买了这位艺术家的作品，以展现他们的欧洲人文主义文化情结。在迈克尔·阿什（Michael Asher）1970 年的作品《装置》中，以完全不同的规模和意象对加利福尼亚州波莫纳学院的画廊进行了重新配置，并将其一天24个小时开放，外界的所有活动都可参与其中，包括所有外部的噪声和碎屑。就像约翰·凯奇（John Cage）认为音乐是音乐家不演奏时发出的声音一样，阿什的“工作”是为发生的事情奠定条件。画廊空间的重新配置不是为了它自身来考虑，而是作为随后的随机元素发挥作用的舞台。阿什是一位著名的艺术家，他在一种被称为“机构批评”的装置流派中工作，在这种流派中，艺术家并不是创造要放在博物馆和画廊空间中的东西，而是组织问题和重塑现有的物品，以提出关于空间本身的角色、历史和使命的问题。

由此看来，装置艺术与概念艺术是分不开的。分离各种“主义”是近40年来对艺术的普遍误解之一，这种分离可以通过19世纪末和20世纪前卫运动完成。立体主义、未来主义、建构主义等运动虽然具有共同的特质，偶尔也有分歧，但它们都具有相当一致的属性，并遵循相当明确的轨迹，而这些轨迹可以追溯到历史上。相比之下，从20世纪60年代开始的各种趋势（而非运动），包括艺术和语言、陆地艺术、概念艺术、行为艺术、偶然事件等，都是出于共同的兴趣，将艺术从可商品化中剥离出来并将其带入思想领域。时装秀中，与观众的互动一直十分关键，艺术品的体验是一个额外的关注。装置艺术最早的历史标志可以追溯到马塞尔·杜尚（Marcel Ducham）的“现成商品”和20世纪30年代的超现实主义展览。将来自世俗的物品从外界带入画廊的过程吸引了人们来注意画廊空间的无形价值，将一些东西命名为艺术，以及艺术家赋予某些东西以意图的力量，赋予它一种在画廊以外的世界中没有的意义。实际上，将非艺术对象命名为“艺术”等同于将该对象重新定位，并加以某种特殊的抽象力量。这个非常有力和顽强的原则曾在商业中使用，但反过来却不具有任何颠覆性的力量。品牌就是最好的例子，它给商品带来了一种价值保证。但是，赋予对象的价值（时尚或艺术）都是外在的，而不是其固有的。与装置一样，重点在于地点和相遇方式，装置与观众之间存在默契。

尽管装置有一系列较早的实例，但主要的历史分水岭还是 20 世纪 60 年代的极简主义时代。当极简主义被应用于时尚时，它通常指的是那些不太注重装饰、色彩柔和而有限、轮廓清晰、线条简洁的服装。20 世纪 50 年代抽象表现主义兴起后，极简主义艺术应运而生，虽然也受到了限制以及几何主义的影响。迈克尔·弗里德（Michael Fried）1967 年的《艺术与客体》（*Art and Object*）是最有影响力的一篇文章，其影响之大，几乎让人无法接受。因为没有它，就没有冗长的讨论，他在那篇著名的文章中批评极简主义的“戏剧性”[4]，并认为好的艺术是具有“吸收性”的，它传递的是观众，而不是为了吸引注意力。他引用了汤·史密斯（Tony Smith）的话，当被问及他的作品规模时，他回答道：“我不是在建纪念碑，我也不是在制造一个物体。而是为将作品设计与身体协调一致。”[5] 它的时间性是当下无法控制的东西，因此是戏剧性的。极简艺术不仅吸引了人们的注意，也吸引了人们对周围建筑的注意。用朱莉安·罗斯（Julian Rose）的话来说：“一个真人尺寸大小的雕塑，既不太小也不太大，邀请观众在它周围参观，通过探索一个共享的空间来获得完全的理解。”[6] 此外，极简主义放大了这种体验，以至于即使是光线的调制，或者物体表面的擦伤痕迹和类似的偶然中断也算得上是体验的一部分。极简主义是装置作为一种艺术实践和对艺术的一种思考方式出现的，其使一切都变成了雕塑，一切都是物体。这意味着装置不仅是一种实践（按照称自己为“装置艺术家”的人的说法），而且还意味着艺术对象的语言和认知上的转变。这幅画不再是二维的幻觉，而是墙上的三维块（无论多么纤细）。展览不再是“搭起来”或“撞进来”，而是已经被安装好了。考虑到艺术品的安排和分配是推动其理解方式的重要部分。由此，艺术对象的介绍、排列和分布被认为是推动理解它们的方式的重要部分。从这个角度看，装置意味着空间的激活，其影响甚至可以与政治性相提并论。激活可能是发生在环境中的，也可能是几乎看不见的激活。迈克尔·海译（Michael Heizer）1970 年的《双重否定》涉及在内华达州莫阿帕谷的峡谷中移动近 25 万吨的砂岩，形成一条长方形的沟渠，艺术“对象”是由不存在的物质来定义的，它是由大量岩石构造所描述的空隙。意图和规模在这里非常重要，因为在一块橡皮泥上尝试相同的东西是没有必要的，而从逻辑的角度来看，要花这么大的力气来执行，这种举动是极富挑衅性的。这样描述的虚空随着一些不可言喻的东西而脉动，这个空间明显地感觉被激活了。[7]

到目前为止，很明显，装置所借鉴的无形和不可言喻的东西，与它所利用的有形和可言说的东西一样多。人们经常强调时间的流逝和空间的流动性。其中一个主要动机是从 20 世纪 60 年代开始，由于艺术品很难或不可能出售，另一个动机是扰乱和动摇了感性和情感范畴的确定性（一种在时尚装置中明显发生的扰乱会破坏假定的性别范畴）。一种受欢迎的方法是建立可以揭示坏结果和不平等现象的关系。玛丽·凯丽（Mary Kelly）的《产后文件》（1973~1979）是一部以她与儿子的关系为主题的大型系列作品，主题就是她与儿子的关系。凯丽使用多种方法，对各种行为、反应、感觉和经验进行描述，并进行严格而系统的审查。在这样做的过程中，凯丽将身体和情感体验中最重要的部分置于一系列的模式中，试图将其简化为物质和综合的单元。结果之一是揭露施加于母子关系的严格性的局限性或优点。尽管这件作品使用的是在画廊的墙上用框架钉住物体的传统的装裱方式，但是正如艺术家自己解释的那样，这些惯例也发挥了作用：

我认为现在考虑一项工作在特定的制度化背景下是至关重要的。因此，从某种意义上讲，它在画廊中的存在方式是一个重要的考虑因素。一方面，它似乎是对外部事件的记录；另一方面，它并不是作为一个简单的文档在那个空间发挥作用，装置的目的是通过文本构建多种阅读或阅读方式。[8]

虽然对艺术透彻理解需要从历史上对艺术的不同解释或者根据个人的看法来看待艺术，但凯丽说过系列作品包含着多重的解读方式。

阿基米德式的观点是，可能会有一些理想的、尚未达到的时尚装置“忠实的”和对作品的真实阅读被抛弃，被取而代之。装置艺术最好的地方在于它带有某种缺憾，这种缺憾的对应物就是它所决定的主题。[9] 它不仅没有客体存在，而且主张流派的自主性只能在历史上得以维持（如绘画作为历史实例的历史积累）。

将艺术从古老的流派中分离出来，使许多艺术家不再区分学科，而是自由地参与它们。而曾经被认为如此不同的实践，如表演和雕塑，被视为具有相似的特性，并具有传达相似思想的能力。20 世纪 60 年代，罗伯特·莫里斯（Robert Morris）从事表演艺术和人造物品的创作，而罗伯特·劳森伯格（Robert Rauschenberg）（不是极简主义者）创作了“组合”，将一张床变成了绘画（1955），或将自己的身体用作移动的螺旋雕塑（Elgin Tie，1964）。正如罗斯兰·克劳斯（Rosalind Krauss）所说的那样，正是在这一时期，来自欧美的艺术家对戏剧和时间都产生了兴趣，这似乎是时装秀的一部分。出于这种兴趣，一些雕塑可以用作舞蹈和戏剧作品的道具，有些可以充当替身演员，有些可以充当舞台上的场景效果的产生器。[10]

物体有相当大的再定义属性，因此静态的和被捏造的物体与模特的身体重叠，在某些情况下，某些表演者也可以成为一个“物体”。一个显著的例子是玛丽娜·阿布拉莫维奇（Marina Abramovic）和乌雷（Ulay）的作品《无能》（1977），在这里，模特赤身裸体、面对面地站在博物馆入口的两侧。编舞者伊冯·雷纳（Yvonne Rainer）规定，舞蹈由“某物”而不是“自身”来催化，从而消除了编排动作过程中的特殊主观性。[11] 系统、玩偶般模特的身体与人体模型的身体之间的交叉关系再明显不过了。然而，正如雷纳后来说道：“我的三重奏 A 能处理‘可见’的困难，通过它对不重复的手势细节的持续不懈的揭示来处理‘可见’的困难，从而聚焦于材料不容易被包含的事实。”[12] “材料不易被包含”可以作为本书的结尾，因为装置和表演的核心是空间的多视角和事件发生时的不可重复性。即使在复制过程中，装置语言也是一个活组件，其观点总是在变化的，是一个不可忽略的组件和视角集。装置艺术重申了对时尚的体验所必需的具体的和瞬时的特质。[13]

时尚与装置

20 世纪 60 年代，时尚和装置艺术是明显分开的，例如安迪·沃霍尔（Andy Warhol）和他的一群身材与其服装不相匹配的模特聚集在他的工作室“工厂”（The Factory）周围（这个工作室遍布曼哈顿城中的多个场地）。但正是艺术持续的“客观化”将艺术与时尚拉近了距离，极简主义一度不再具有 20 世纪 60 年代的批判性、颠覆性的优势。到 20 世纪 80 年代，它就成了收藏家们所采用的一种“冲淡性”风格，“华而不实”这样的词语也并不一定是贬义的。 T. J. Clark 在 2001 年的一篇文章中声称，“代表形式”或“现代主义”现在还没有明确的定义。或仅在某些幻想出的标准的情况下才能读懂，如“纯粹主义”“光学性”“形式主义”“精英主义”等。[14] 无可否认的是，这种风格上混乱和令人困扰的一个原因是时尚将所有值得普及的东西都大众化了，不加顾忌地把一切都变成时尚和流行语。但是，虽然艺术越来越像时尚，但时尚行业中有一些趋势将艺术运用到实践中，其盈利能力不仅是获得金钱，而且还有其他一些至关重要的因素。正如我们所提出的那样，可以说有一些设计师的实践与艺术家一样具有敏锐的批判性。[15] 他们做到这一点的一种方式是重新思考展示时尚的传统模式，要么不用身体来作为服装的载体，要么将服装归入奢华的盛会（走 T 台秀）。

本书将探讨许多这样的例子，但让我们仅举一个例子来阐明时装设计的定义，可以用亚历山大·麦昆（Alexander McQueen）2001 年的秋冬系列“旋转木马”来说，它的 T 台秀被在它前面的 *Voss* 系列蒙上了一层“不公正”的阴影。这场秀里包括一个真实存在的旋转木马，整场秀的气氛阴冷而神秘。化妆艺术家 Val Garland 曾在亚历山大·麦昆的其他多个系列中，把模特画成悲伤的小丑，把他们变得阴森可怖、充满吸血鬼的气息。这是亚历山大·麦昆在时尚中对阴森恐怖元素的一种理解，暗示着一个儿童的天真被忧郁和哀悼所取代，这场秀的背景音是《飞天万能车》（Chitty Chitty Bang Bang）里的《儿童捕手》（Child Catcher）（不是原版的，而是在新专辑发布那年新创作的）。[16] 模特们在旋转木马周围懒洋洋地走着，闪闪发光，就像游离的、离奇的机器人，像儿童捕手自己的追随者或代理人一样。为了避免观众看不清楚，一个模特拖着一副闪闪发光的黄铜骨架。正如我们在 *Voss* 系列中看到的那样，《旋转木马》对时尚界来说也是一种对时尚业的批判性沉思。凯洛琳·埃文斯（Caroline Evans）在她称之为“时尚马戏团”的文章中写道：“虽然马戏团是一个充满奇观、乐趣和放纵的地方，但它也是一个充满庇护、危险和自我迷失的朦胧世界。”[17] 麦昆的时装秀将它放大到了一个激动人心、几乎令人困惑的程度。该系列本身具有深色小丑般的感觉，并散布着对“死亡”元素的公开暗示。例如，带有死人头的黑色针织物。其他衣服有棱角分明的小丑图案，还有一件衣服用的是芭蕾舞裙薄纱。很明显，这些衣服在讲述某件故事，其功能就像一个更大的心理拼图中的碎片。这是一个类似于堕落和疲惫的演艺人员，皮条客和黑帮这类感觉的世界。有些西装具有明显的风格，而宽松的背心穿起来几乎像无袖外套一样。这些模特在一根杆子上转动，带来了怪诞的气氛。从许多方面来看，这次时装秀提供了对高级时装以及呈现并代表这一行业的深刻见解：观众惊叹于这一壮观场面的优雅和令人信服的掌控方式，一定程度上钦佩于它所创造的华丽和幻想，而我们日常生活中的权宜之计则是糟糕的翻版。与此同时，给我们带来这种愉悦并激起我们嫉妒和欲望的虚构的，只不过是一场时装秀的密码、小丑、木偶，注定要为了他人的利益，永远地重演别人的戏剧。“旋转木马”就带有一些批判性的评论，认为“时尚空间”是存在于想象和现实之间的区域。

在这个关键的时刻，需要有一个重要提示。像麦昆这样具有特殊歌剧舞台的时装秀，更常用来形容它的词语是“表演”，尽管在某种程度上是恰当的（例如，在历史上对“浪漫”和“先锋派”等词语的不明确使用），但它是一个不完全的定义，赋予了时间和身体部分的特权。然而，正如我们在凯丽对术语的使用中看到的，“装置”是一个弹性的术语，指的是艺术以及现在的时尚物体被提供的概念设置，通过这些设置，可以暴露和激发开放式的、批判性的、对公认的观点不利的意义。以美国时装设计师瑞克·欧文斯（Rick Owens）的作品为例，他的创作实践跨越了从时尚到实物、家具设计以及雕塑等各个领域。尽管我们已经详细研究了瑞克·欧文斯的作品[18]，在这里值得一提的是，他是少有采用开放式、封闭式和静止陈列式安装模式的设计师之一。在 2014 年春夏系列秀 Vicious 中，瑞克·欧文斯用的大多是不同种族、体型较大的模特，他们在 T 台上跺着脚，怒视着观众，伴随着俱乐部的技术和部落的鼓声拍打着他们的胸脯。这场开放式的表演在亚马逊崇拜者的战争舞蹈中达到高潮。同样，瑞克·欧文斯在 2016 年春夏系列的成衣上也采用了一种开放式装置，他恰如其分地将其命名为“独眼巨人”。这场秀中，模特被送到 T 台上，背着其他模特，他们像背包一样被倒挂在身上。这个概念很简单，是对争取妇女解放斗争中姐妹情谊的一种肯定，在这里的女人是背负着彼此的。颠覆行为和大规模裸体是瑞克·欧文斯静态装置的共同特点，包括雕塑、家具和服装。2006 年，欧文斯委托来自伦敦杜莎夫人蜡像馆的工匠道格·詹宁斯制作了一系列与真人大小一样的雕塑，他将这些雕塑纳入在佛罗伦萨意大利男装周（*Uomo Pitti Imaginaire*）上的 *Dustdam and Dustpump* 装置中。这个蜡像是欧文斯真人大小的复制品。身体排泄物在欧文斯的作品中也占有相当重要的位置，最近一次是他在米兰三年展（Trienale di MiLano）上举行的首次回顾展“亚人类，非人类，超人类”（2018）。在那里，一座部分由欧文斯的头发组成的巨大粪便形状的雕塑悬挂在画廊空间的入口处。这座雕塑参照了欧文斯近 30 年前的一句评论，他说他将“在符合标准的白色背景上放上一块闪闪发光的黑色粪便”。[19]

艺术装置可以有主体，也可以没有，正如我们所看到的，这对于时尚来说也是一样的。时装装置的走秀与戏剧和歌剧舞台之间还存在一个重要的语义区别，即在服装表演和歌剧表演中，服装是服从于作品的哲学和叙事轨迹的，服装是对一个特定剧本或即兴场景的整体诠释。与之形成鲜明对比的是，时装装置在与身体和服装的关系中受到不同程度的张力的限制。当身体不再作为服装的载体时，模特不遵循公认的、习惯性的体型或性别规范时，这种张力就很明显。在装置和走秀方面，通常活动、布景或场地、舞蹈、音乐或所有这些的组合的审美力量会使服装黯然失色，有意地使它蒙上阴影。这是一种缺席或模糊的呈现，反过来激发而不是压制欲望。它产生神秘感、迷惑力、诱惑力。从一开始，设计师就会发出服装消失程度的信号，它的读数是无缝的，并且与一系列他或她无法控制的因素一致。正是这个位置将时尚融入一个由上下文、期望和结构组成的不均衡的网络中，并确保时尚作为一种灵活和流动的东西被保留下来，这种东西支配着时间、地点和身份的可变性。

本书的结构

本书遵循了一个主要的辩证三方结构，大致由三个部分组成："身体""空间"以及"空间中的身体"。第 1 章，身体：现场的人，通过其阶段的镜头来审视时尚的开端，包括时尚被观察和消费的场所和空间。事实上，装置是开始理解 19 世纪中期出现的时尚体系的一种有用的方式。随着弗雷德里克·沃思、让·巴杜、艾尔莎·夏帕瑞丽、可可香奈儿和保罗·薇欧奈的出现，时装秀成为时装消费的一种重要方式。因此，人们开始对场地的本质和舞台进行反思。曾经无形的消费支撑得到了更紧密的缓解。也是在 20 世纪初，随着波瑞特的出现，我们看到了第一个时尚摄影的发明（由斯泰肯拍摄）。因此，人们对场景、叙事和氛围的关注度越来越高。沃尔特·本杰明（Walter Benjamin）和其作品 Passagen-Werk，以及他对拱廊中玻璃的著名分析，认为它封装了离散的"梦幻世界"，这是早期研究的重要参考。对这一作品的提及很重要，因为它对于理解后来的时尚装置与他在巴黎拱廊中观察到的人造世界（早在与艺术作品相关的术语被创造之前）之间的关系是有联系的。这就引起了对早期百货商店（如 Harrods，Selfridges 和 Bloomingdale's）销售时尚和奢侈品的环境的更为广泛的讨论。同样值得注意的是，橱窗里的时装展示早于时装秀策展人在没有身体为载体的情况下展示时装的困境。

第 2 章，（几乎）没有用实体来展示的时尚，先描述迈凯伦和韦斯特伍德的各个商店，然后单独讨论韦斯特伍德。这也将为时尚精品店的研究提供平台，如川久保玲在伦敦和纽约的多佛街市场、纽约麦迪逊大道上的拉尔夫·劳伦的旗舰店以及中国香港和纽约的爱马仕快闪店。位于上海的巴宝莉旗舰店通过交互式的方式和数字屏幕为客户提供时装表演和娱乐项目。在不同情况下，设计师都通过时装秀来传达出独特的审美体验。本章还将根据布景设计，即在没有身体和巴洛克式环境的情况下，分析过去 15~20 年的各种时装秀。

近年来，克里思汀·迪奥在时装周上的一系列走秀都证实了这一概念，甚至在其歌剧宏伟的环境中。有可能时装系列本身会黯然失色。在 2015 年和 2016 年的秋冬系列中，观众坐在一个由金属框架和横梁支撑的分层垂直装饰框组成的巨大结构中。这个空间内大部分是半透明的绿色，点缀着深红色的斑点，给人一种坐在一个丛林大小的巨大花园里的感觉。在迪奥（Dior）的 2016 年夏季系列中，观众坐在一个干净的白色房间里，凝视着房间一侧散落着绿叶和薰衣草色花朵的小山丘。在“风景”的底部中心有一扇白色的门，模特从门中走出来。房间其余部分极少的白色光泽与奇观的颜色和辉煌形成对比，促使人们得出一种“该系列来自一个超凡脱俗的天堂”的结论。这两个例子将在本章的离散装置环境中详细介绍，这些环境在作为展示集合舞台的同时，也有自己的审美自主性。

第 3 章将这两个主题放在一起，尤其是在近 20 年的时间里，当时尚作为精心制作的多形式的盛会或总体艺术作品的一部分进行展示和消费时，就见证了这两个主题。这个词通常被翻译为“总体艺术作品”，理查德·瓦格纳（Richard Wagner）在他自己的歌剧创作中使用了这个词，他认为这是艺术构思的顶峰，将所有的艺术——诗歌、戏剧、绘画、雕塑和音乐融为一个新的整体。这个术语后来在 20 世纪 90 年代随着新媒体理论的出现而重新出现，来描述单通道或多通道的视频装置等作品。这不仅是对麦昆如上所述的 T 台的恰当称呼，也是对 20 世纪时尚电影到来的恰当称谓。

第 3 章分为两部分，将从形式结构的角度来看待全方位的走秀：开放式和封闭式走秀。开放式的形式指观众几乎是时装秀的一部分，使边界变得漏洞百出，例如麦昆 1997 年春夏系列的 T 台秀“无题”（也被称为“金色淋浴”），观众、模特和摄影师被淋在金色的倾盆大雨中。这种开放式的时尚装置将戏剧表演、时尚和艺术结合在一起。约翰加里奥的模特经常鼓励观众加入他的 T 台秀，1997 年秋 / 冬季，观众成为该 T 台表演的一部分。同样，让·保罗·高蒂埃（Jean Paul Gaultier）1992 年秋冬系列“La Poupée”是在一节火车车厢里举行的，观众在车厢里扮演乘客的角色。

时装表演的另一种形式是封闭式的：观众能感觉到他们正在注视着另一个世界。首先，是更具戏剧性的电影，如加雷斯·普格（Gareth Pugh）的沉浸式装置电影，由露丝·霍本（Ruth Hogben）导演，这是他基于宗教肖像学收藏的一部分，在意大利男装周（Uomo Pitti Imaginaire）（2011）放映。这部电影在 11 世纪大教堂的圆顶天花板上放映，使观众沉迷于半神半人的神话世界中。闭幕秀还保持了电影效果，通过使用触摸和嗅觉将观众吸引到另一个世界，将他们带入一个虚构而诱人的地方。其次，拉尔夫·劳伦身临其境的四维体验是绿屏等电影技术和时尚融合的典型例子。为了庆祝该品牌的历史轨迹，拉尔夫·劳伦利用电影效果和数字技术在纽约麦迪逊大街的女性旗舰店放映了一部电影。这部电影利用屏幕效果，创造了一个可折叠的建筑的幻觉，该建筑可以打开和关闭，然后转变为一系列物体，包括将香水喷洒到与会观众身上的香水瓶。为了发布他的 2015 年春夏 Polo 女装系列，拉尔夫·劳伦（Ralph Lauren）策划了一个秀，并且通过将电影放映到中央公园的一个 60 英尺高的喷泉上来庆祝纽约这个城市。同样，在中国上海市开设旗舰店时，巴宝莉（Burberry）向这个城市运送了一列蒸汽火车，并在大楼外部放映互动电影，彰显了巴宝莉的传承与创新。

封闭的电影空间也属于时尚电影中的场景，在这些场景中，身体充当了世界之间的闯入者的角色。动态影像或时装电影为设计师和时装品牌提供了身临其境的美感，总结了他们的身份或系列的概念。高田贤（Kenzo）、香奈儿（Chanel）和古驰（Gucci）等品牌喜欢使用这种叙事风格，这些品牌通过媒介来探索其品牌的服饰传统。此外，埃克斯·拉塔（Eckhaus Latta）则以实验性方式将发现的视频片段和自然纪录片分段。本书还添加了静止时尚装置的概念，即那些操控观众整个感官范围的装置，一种身临其境的消费体验，排除了对外部世界的任何考虑。

本书通过对一个概念的描述来推进这个概念。从当代的角度来看，诸如“性能”和“概念性”之类的词仅描述当今时尚呈现的复杂方式。就像服装部门是似是而非的，时尚不再孤立存在，并且也无法简化为单一的服装。更确切地说，时装本身就被植入到各种规范、形象、意识形态和叙事之中；有些是虚构的，有些是潜在的。我们从拉丁语文本中回到了经常被引用的“文本”的词源，意为“编织”（动词 textere）。时尚服装以与穿着者身体一样的活动性和活力不可分割地编织到图像和想法的织物中。

1

身体：现场的人

1937 年，《舞台》杂志上刊登了一则香奈儿 NO.5 香水的广告：

> 加布里埃尔·香奈儿女士是一位生活中的艺术家。她的服装和香水都是由完美的戏剧本能来创造的。她的 NO.5 香水犹如爱情场景中轻柔的音乐，它所激发出的想象力在演员的记忆中留下了不可磨灭的回忆。[1]

这篇文章的甜言蜜语不应该是一种威慑，其中隐藏着几个相关的主题，尽管它们没有任何哲学意图。它首先将香奈儿的艺术描述为生活，暗示了生活方式，也暗示了所有能提高生活质量的东西，使生活变得更加精致，这是她为生活增添特质的一个创作。他们的 T 台秀仍坚持戏剧和表演，将模特置于一个时尚和欲望的舞台上。最后一个词“玩家”，清楚地诠释出香奈儿是如何将她的消费者带进了一个可实现的“王国”（现实）里。在他们的记忆里刻下回忆，让他们深深地陷入故事情节里。香奈儿作为第一个时装设计师，她不仅创造了一个具有标志性的香水，用它来改善她在 Cambon 上试衣间里的环境，而且还恢复了香水的品牌活动，如设计师蒂埃里·穆格勒（Thierry Mugler）在他的精品店“Angelified”中积极推广他的品牌香水“天使”。

他们有效地开创了一种全新的时尚模式，这种模式的密度和复杂性都有所提高，凭借着这样的态度和策略，香奈儿成为了众多设计师里的佼佼者。香水在使用中是无形的，它与形象、魅力和声望结合在一起，因此在某种程度上，它是很抽象的。也正是这种若有若无、无法言喻的唤醒嗅觉器官的隐秘力量，直接把我们带进时尚的中心。任何想要描述香水而做的努力都是徒劳的，不如把香水与一个明星或是一个地点直接联系在一起，这会使香水给人带来的印象更加深刻，现在的香水广告让这个概念更加深入人心。无论香水是否具有吸引力，它本身都是一个充满欲望的象征，是一个抽象但又具体的虚幻世界。衣服和配饰是有具体实质性的，有它们自己的用途，而香水唯一可触摸到的特质是它本身的颜色（如果有的话）和瓶子的形状。然而，也正是因为香水不受现实物质世界的约束，它才成为商品亨通叙事世界里的最佳代表。伴随着现代百货业和电影的诞生，时装展览逐步兴起并成为商品文化和场景中不可分割的一部分。时尚界的风采与大型公共展览的开始是相辅相成的，如 1851 年在伦敦的万国工业博览会和 1855 年在巴黎的世界博览会。通过时尚本身的创造去理解人的灵动性和再创造性，同时也归功于服饰本身所呈现的无数种可能性，进而加强了“服饰”这个词本身的含义。

展览、拱廊和百货商店

在工匠和行业协会的时代，制造和销售之间存在着一种更加“可靠的”关系，工匠在指定的商店出售他们设计的商品。19 世纪之前，那些只卖商品的小商贩常常被认为不如那些制造商品的人。到了 19 世纪，销售者作为生产者和消费者之间的中间人，往往比那些处于生产环节中的人获益更多。作为一个有能力的销售者，不仅要有说服力，而且还要为那些潜在的消费者营造出与他们梦想匹配的购物环境。瓦尔特·本杰明（Walter Benjamin）在他未完成的大型作品《拱廊项目》中发现了拱廊和博物馆、休闲场所，如俱乐部和温泉之间的紧密联系。在拱廊中购物不光是物质上的体验，同时也是一种精神上的体验（见图 1）。本杰明引用了“拱廊：共同的梦想房子、冬季花园、全景画、蜡像馆、赌场、火车站”[2] 等场景。在另一个条目中，本杰明写道：“这种共同的梦想穿过拱廊，进而连接到内部”。[3] 我们必须要跟随它的脚步以便于能够阐述 19 世纪的时尚、广告、建筑和政治上的造梦过程。[4]

本杰明感受到了他的朋友恩斯特·布洛赫（Ernst Bloch）所说的，现代生活格局与对共同美好生活充满希望之间有着不可否认的联系。生活将人和商品放在同一个环境里面，这种环境实际上呈现出了时尚更大的可能性。

图 1　拱廊项目，克利夫兰，俄亥俄州

在本杰明著作里有关梦的章节中，伊莱·弗里德兰德（Eli Friedlander）颇有见解地写道：

> 环境在本质上不同于被赋予意识的对象，它无法简单地被定义、被剥离和被研究。环境融入意识的表现形式是将某些特定的意象聚集在没有特定明确的环境下。拱廊内在的表现也是这些梦的意象的变化形式，它们为还未明确化的生活环境提供了理想场景的汇集点。[5]

对本杰明来说，这些梦的意象意味着转变成一种新的意识形态，可能会导致实现人类乌托邦目标的一种“觉醒”[6]。

然而时尚也可能是不被信赖的，因为其中包含了一些个人的目的、欲望和梦想。乌托邦主义并没有被严肃地当作是哲学意义上的一种规划，仅仅只是建立在字面上而已。商品与梦想相连，最明显的方面则体现在时尚上，在广告领域表现得最为突出。[7] 本杰明写道：“时尚就和建筑一样，存在于生活的黑暗时刻，是属于集体的梦想意识。”有时候本杰明对时尚的感觉也很矛盾（摇摆不定），但海伦·赫塞尔（Helen Hessel）始终用友谊激励着他。他曾被赫塞尔邀请一起参加时装秀，也饶有兴趣地读了赫塞尔写的书《时尚的本质》（*Vom Wesen der Mode*），并在关于拱廊的文章中引用了这本书。[8]

本杰明对全景画是与时尚息息相关的看法，在后来也被很多现代时尚设计的例子证明。本杰明的文章之所以重要，是因为对现代景观和在永恒与短暂相竞争的关系之中，他的思考是最复杂且最成熟的。“历史的物件”，霍华德·艾兰德和迈克尔·詹宁斯说道：“就像任何时尚物件一样，它们同时来自过去和未来，以重写和图片拼图的形式展现出来。”[9] 时尚是相互存在、相互对立的，同样也是存在于放置、使用和相关联的语言历史条件中。

在 1851 年的万国工业博览会上，各种展品的展览方式对后世产生了深远的影响，对种族和历史有倾向性的引导。种族虽是这次展览的主题，但最主要还是以时尚方面为主。这次展览展出的不仅是各种形式的民族服饰和时尚单品，而且还有观众本身（见图 2）。正如阿利斯泰尔·奥尼尔所解释的那样，事实证明，这次展览的教育性，甚至是说教性的环境都很有吸引力：

> 通过教育性的展览来了解时装是一个新的命题，女性通常对试图打开包装比较感兴趣。随后又提供对服装、服装用纺织品和配饰的评论，这些在大展览中展示的物品不同于那些在官方和流

图 2　1851 年在伦敦举办的万国工业博览会的耳堂

行的出版指南中发现的物品。还有一个特别有价值的是他们捕捉到参观展览的感觉，可以作为旅程路线，吸引和熏陶大众，成为一种量身定制的体验。[10]

万国工业博览会展现的是最基本但最难以捉摸的组成部分，即时装是一种体验，在身体、服装和环境在同一平面时展现出来（见图 3）。在展览上随行的导游和妇女杂志上关于这类展览的报道的帮助下，这些展览在发人深省的指导的幌子下，是具有诱惑力的地方。在那里，参观者可以收集他们自己内心的愿望图像，然后他们可以在展览之外去实现自己的愿望。根据本杰明的推断，展览中更明显的梦境掩盖了购物商场和百货商店。

图 3　1851 年在伦敦举办的万国工业博览会（向西）的中殿

20 世纪初，人们对欧洲各大展览的期望值达到了一种新的高度，同时对这些期望的热情也达到了新的高度。对于 1900 年巴黎世界博览会来说，时尚是最主要的特征之一，包括时尚及其周围的氛围和叙事设置。这次展览试图将法国树立成欧洲时尚的引领者，尽管不是国际的新艺术风格，但丰富的设计元素和传统的素材结合将18世纪的怀旧风格充分展现出来，融合效果仍然较新潮。据估计，有五千万人参观了尚贝里联合会（Chambre Syndicale），他们会看到一个时装大厅，它被分为四个单元，每个单元都有其象征意义。

用埃米·德拉·海伊的话来说："龙骧（longchamps）品牌的种类代表了秋天；私人豪宅的大厅使人联想到冬天；时装表演是春天；而多维尔（Deauville）的海滨度假胜地则描绘了夏天。"[11] 服装设计师们通过抽签的方式来决定展览的地点。画过"秋与夏"的让·沃思曾经想了解这些主题与他庄重的设计风格是否可以产生共鸣。他的兄弟加斯通根据指定的主题来进行创作，而琼则开始了自己的构思并进行更深层次的思考，这是一种奢侈的感觉。用珍·沃斯自己的话来说：

在这个房间里，我布置好了一间路易十六时期的客厅，并试图在里面演绎一些英国生活中的场景。客厅里的模特儿是一位穿着宫廷服装的贵妇人，她身上装饰着三根羽毛，而她的妹妹要代表她去参见王后。一位身着华丽茶袍的女士斜倚在沙发上，她的妹妹正在为客人们斟茶；一位穿着白色燕尾服的女士……在这些片段的场景中可以使用各种不同的面料，从布料到绸缎，以及不同的风格，从最精致的贵妇宫廷装到女仆的制服。同时，他们也对现实做了充分的考虑，那些看过这个房间的人都对它惊叹不已。以至于它给人的感觉是，必须要在室内安排一名警察，来保证人们的正常走动。在这六个月的展览期间，必须要更换两次地板才行。[12]

这里最为重要的是“要充分地考虑到现实”的这个提议，直接引起令人喜悦的“惊叹”。在这个层面上，虽然展览与商品之间的联系是几乎没有被改变的。而这种逼真的形象隐喻着：曾经封闭的、私人的贵族和皇室的生活现在能被所有人参观，所有的人可以在视觉上消费，所有人都可以幻想他们自己也居住在这样的一个世界里面。“你可以在那里，你可以拥有它。”在梦想产生的地方，未曾拥有的和迟来的拥有之间存在着不同的可能性。

万国工业博览会和百货商店之间的联系是如此紧密，以至于看起来像是串通好了的。因为就像展览本身一样，百货商店也提供了足够的机会去深思这个世界的绮丽美景，正如琼安·恩特威斯尔所说的那样，“百货公司也是一个可以坐下来畅想的地方”。[13] 这方面最好的例子之一是阿里斯蒂德·布奇科（Aristide Boucicaut）于 1852 年在巴黎举办的“棒极了的市场”（Bon Marche），虽说比伦敦的“万国工业博览会”晚了一年，但比 1855 年在巴黎举办的同类展览会早了三年。不仅价格也像在巴黎展览会上那样被清楚地展示出来，而且商店的整个环境也被营造成一个景观，吸引人们在里面闲逛。也正是这种时尚和消费的体验特性，以及“闲逛”的内在体验感，让本杰明（Benjamin）与《流浪者》产生了关联。《流浪者》的主人公是在巴黎街头的一个流浪汉。这个流浪汉不仅消费了物质层面的东西，而且还消费了包括视觉、听觉和嗅觉上的东西，他幻想将所有的东西进行重新整合。他不仅是一个类别或人物形象，而且还体现了现代观众的意识，以及他们的想法，互补商品的维度是奇观（盖伊·德博德将在他的高影响力作品中得到发展，社会景观）。因此，正如本杰明所言，“那些游行者的人是这个市场的观察者”。[14] 他的知识类似于工业波动的神秘学。他是资本家的密探，被派到消费者群中去工作。“流浪汉的意识和演变也揭示了时尚存在于观察者的多个层面上，是和模特、观察者相互联系的。”[15]

就像沉浸在展示、消费和时尚概念中一样，技术的进步，特别是特定照明技术的进步也是如此。照明开辟了全新的可能性，例如，为开放更多的空间，并产生更好的效果，创造童话世界并刺激人们的欲望。随着中产阶级的不断壮大，18 世纪出现了越来越多被吸引到诱人的商店门面前的消费者，19 世纪末的照明技术的进步使大空间的照明成为可能。正如恩特威斯尔所肯定的，“商店展示在 19 世纪后期变得越来越重要”。[16] 具有讽刺意味的是，美国最能言善辩的商店陈列倡导者之一，却是《绿野仙踪》一书的作者弗兰克·鲍姆。“鲍姆的哲学”，恩特威斯尔继续说道，“体现在他的童话故事里，体现在他对商品销售、著名的消费展示和人造景观的兴趣上。”[17] 他甚至创办了第一本完全与橱窗有关的杂志《橱窗》。在这本书中，他对儿童读物中所表达的梦境世界的兴趣找到了另一个富有表现力的出口。正如恩特威斯尔所说：“他看到了展示在吸引路人注意力和刺激消费欲望方面的重要性。”他在把商店橱窗从简单、模拟的状态改变后显示出一片光阑虚构的世界中扮演了非常重要的角色（见图 4）。克里斯托弗·布雷沃德（Christopher Breward）认为，大量的学术网站的时尚消费，从 19 世纪中叶倾向于强调他们奇妙的和其他另类人物，从而设置失去平衡任何试图定义消费者需求的材料性质。[18] 在这方面，时装和其他的商品一样，被插入了一个叙事的领域，这个领域直到今天还在不可抑制地控制着人们消费和理解时装的方式。快进到 20 世纪 80 年代男装消费的一个例子，恩特威斯尔说：“新款式男装销售的一个重要部分是它们的位置，尤其是那些有意识设计的消费场所。”换句话说，时尚消费的一个核心特征就是时尚设计。

图 4　模特模型的世界：橱窗展示穿着天鹅绒长袍的模特模型

时装展示与艺术品展示

关于时装展示方式的兴起与其消费方式是否并存，虽然与欧洲以及后来在美国的大型展览会都有着密切相关的联系[19]，但展览往往与同一时期的艺术展示方式是没有联系的。这是一个奇怪的疏忽，不仅因为两者的相似之处是惊人的，而且还因为 19 世纪下半叶到 20 世纪的艺术在许多方面反映了社会的镜面本质，无论是在内容上还是在展览的本质上。虽然我们确实需要考虑博物馆和“永久”收藏品的起源，但主要还是应该考虑有关展览的瞬时性的问题，我们可以回顾一下那些已经被安装好和被拆除的展览。也正是这些展览的瞬时性，使它们与更常见的与时尚相关的瞬时性相一致。

艺术展览的起源可以追溯到 1648 年，由路易十四的首席大臣卡地纳·马扎林创办的"绘画与雕塑学院"（Academy of Painting and Sculpture）巴黎沙龙的创立，第一次展览于1673年举行，对文化的颂扬有一种高度务实的意味。这些展览的目的是让艺术家聚在一起互相竞争，这就意味着国王和其他富有的贵族不再需要寻找最好的人才，因为他们会自然而然地出现（凡尔赛宫也有类似的安排，国王可以在那里监视贵族，贵族都在忙着互相密谋，而不是思考如何策反他）。在时尚界，与之相当的是露西恩·勒隆于1973年创立的"高级成衣辛迪加"（Chambre Syndicale de la HauteCouture）。

香奈儿与尚布尔一起出名的原因是，尚布尔对进入时装秀的人群采取严格的关门政策。[20]从1725年开始，沙龙就在卢浮宫举办，在1737年对公众开放。相当于英国的皇家学院是在稍晚一点的1768年建立的。1771~1836年，学院的展览在萨默塞特宫（Somerset House）举行，但由于要审查那些不太受欢迎（且气味难闻）的人需要支付报名费，所以展览的参观人群受到了限制。

第一个对公众开放藏品的地方是卢森堡美术馆，它于1750年开放，但仅在周三和周六开放，而且只开放三个小时。我们今天所知道的公共博物馆起源于法国大革命，它于1793年夏季在卢浮宫展出，是那里宝藏的"合法"主人，这表明了人民对它的热爱。[21]不久之后，非永久性的展览就出现了，不仅是拿破仑炫耀他从军事上的丰功伟业中获得的战利品，而且还有一些情况下的卢浮宫的沙龙卡雷（Carre）"不得不空出来"，正如弗朗西斯·哈斯克尔（Francis Haskell）所指出的那样，每年都有几周的时间用于在世的艺术家能够继续使用它的悠久历史，使用它向公众展示他们的新面貌。这使新来的展品和临时展品之间有种不可磨灭的联系。因此，时尚是与展览而不是与博物馆的概念相联系在一起的。[22]

这种联系是至关重要的，因为它在很大程度上调和了作品，并赋予了它新颖独特的魅力，扩大了事件的即时性。当艺术家举办自己的临时展览时，也会参考国家对博物馆的评价，以及它作为皇家宫殿的历史，这都为他们的作品增添了尊重感——这是一个早期的例子，说明了一个地点的相关性赋予了这件艺术品的力量或品牌。这是一种被时尚界自由利用的关系。在巴黎，大皇宫（Grand Palais）是高级时装走秀的首选地点，它是大型艺术展览的传统举办地，经常与纽约大都会博物馆（Metropolitan）等其他大型博物馆合作。

19 世纪中期的大型展览激发了许多艺术家提供其他的方法向公众推销他们的作品，而公众也越来越注重对展览的反应。1855 年，恰逢巴黎展览，库尔贝（Courbet）举办了自己的个人回顾展。这样的回顾展迫使人们进行语境性和叙事性的解读，从而让观众了解艺术家的演变和成熟。艺术家的作品被提供给一个特定的空间去观赏。然而，这纯粹的艺术家的工作（有一些精心挑选的比较与其他伟大的艺术家的作品）有 de-historicizing 效应，罗伯特·颜生（Robert Jensen）说："艺术品被回顾的相互关系而不是外部其他艺术、文化、社会和政治问题，形成了艺术家的地平线的信念。"[23] 的确，回顾展览遵循的是排斥而非包容的原则，只关注作为一个孤立实体的艺术作品。[24] 这种位移，或者说隔离，在过去有，在现在也有一种很好的效果，我们将在最近的一些实践中回到这种效果，这些实践也在时尚装置中得到了体现。

20 世纪 70 年代，艺术家开始认真地设计展览，那时人们开始理解装置艺术。早期的先驱者是 19 世纪 90 年代的莫奈，当时他展出了他的系列画作（《鲁昂大教堂》《干草堆》《白杨》《塞纳河上的早晨》），以这种方式表明人们最好将这些理解为一个整体，而不是单一作品。这种做法一直延续到《睡莲》系列画作中，安德烈·马森将其称为“印象主义的西斯廷教堂”（Sistine Chapel of Impressionism）。1927年，也就是马森去世一年以后，这幅画被安放在巴黎的橘园（Orangerie）[25]。20世纪的先锋派利用其局外人地位，进入被认可的艺术论坛。艺术展览有官员以及政府的支持，因此越来越多的展览感觉他们就像属于自己的剧院，倾向于前景缺乏中立的工作的目的，这是一种展示的方式。这方面的一个典型例子是俄罗斯建构主义艺术家埃尔·利西茨基为1928年科隆的Pressa展览设计的苏联馆。早在1926年，利西茨基就已经开始为科隆设计展馆，1920年，他以柏林的达达展览为例，将个人作品置于一个整体的环境中。值得注意的是，简·奇切尔德（Jan Tschichold）解释道：

> 利西茨基探索了一种新展览技术的所有可能性，他用玻璃、镜子、赛璐珞、镍和其他材料取代了冗长乏味的连续框架，其中包含了枯燥的统计数据，对展览空间及其内容进行了全新的纯视觉设计；通过将这些新奇的材料与木材、漆器、纺织品和照片进行对比；通过使用自然物体代替图片；通过连续的胶片，发光的、间断的字母和一些旋转的模型，将动态元素引入展览。因此，这个房间就成了一个舞台，在这个舞台上，观众本身似乎也是演员之一。展览的新奇和活力并没有失败，这一点可以从以下事实得到证明：这个展区吸引了越来越多的参观者，有时由于过于拥挤而不得不被关闭。[26]

对于纯粹主义者（而非时尚爱好者）来说，或许不那么令人愉快的是展览的消费量比预期的要高，这是一种娱乐而非严肃教化的景象。但同样重要的是观众和访客是如何获得机会，或幻想着自己在一个似乎缺乏观众的环境中扮演一个参与性角色的。因此，这些展览的安排有助于打破观众和展览之间的想象界限，并可被理解为使艺术民主化的一种措施。对 20 世纪的大多数先锋派来说，如何把艺术带给人们是他们最关心的问题。我们也很容易理解为什么时装会采用装置本身，因为时装也有很大的缺陷，没有一个活跃的、有生命的身体。参与和体验维度也是其中的一部分。

在装置艺术的历史谱系中，另一个真实的例子是巴黎国际超现实主义展览的设计，该展览于 1938 年 1 月在乔治・威尔登斯坦的巴黎美术画廊（Beaux-Arts）开幕（威尔登斯坦也是莫奈的经销商）。该展览主要由安德烈・布雷顿和马塞尔・杜尚设计，展品被人体模型等传统的超现实主义设计所淹没，但中央展览的空间天花板上悬挂着的 1200 个空煤袋则出乎人的预料。在这些煤袋下面，房间的中央，有一个煤炉从内部发出亮光。用本杰明・布赫洛的话说，由于“德国军队行进时扩音器发出的震动”，麻袋缓慢而持久地向游客释放煤尘。[27] 在他的阅读中，《灰尘》是对来自德国和意大利的法西斯主义不祥预兆的评论，而《火盆》——巴黎咖啡馆在冬天使用的火盆“无疑是日益普遍的法西斯主义对火焰（la flame）的误解，一种类似搞笑的转喻：火焰、火把和火”。[28] 在火盆的灯光下，参观者只能在黑暗中四处走动，他们用电池供电的手电筒来观赏画作。这一巧思表明超现实主义运动的刺激已经几乎消失。[29] 布赫洛把杜尚的设计作品称为“堕落世界的幻影”[30]。克莱尔・格雷斯说：“许多艺术家自觉设计的展览促使人们从阶级的角度，对物质性、能动性、艺术和大众文化的界限等问题进行反思。”[31] 当然，杜尚的展览在当时可以说是非常具有挑战性的，一个熟练的展览方式在 21 世纪末将会更有可能与作为娱乐的艺术相关联。

后来，杜尚的大胆设计方式在约瑟夫·博伊斯最后的主要作品之一的《困境》(1985)中被提起，这部作品现在被永久地陈列在巴黎现代艺术博物馆（乔治·蓬皮杜中心）里。[32] 观众从一扇矮门进入，被迫弯着腰进入到一个房间，房间里排列着一卷卷厚厚的毛毡，有一种强烈但柔和的气味，同时可以改变声音的音色，其效果类似于改变一个人对空间的占用感。大量的毛毡渗透在声音的传递中，更让人不安的是在空间中钢琴的存在，这是一种权力的惰性象征。第二次世界大战的灾难后与之前相比，博伊斯的作品引发了观看者大量的解读，其中最引人关注的是集中营所带来的迷失和非人的影响，以及对死亡的持续预感。创建它的时候，困境已经是一个公认的艺术形式显示，鉴于在 20 世纪 70 年代，“事件”“表演”“环境”是观众参与的所有策略，以及美学位移的一种形式，除此之外，试图确保艺术对象更多的是一种时间的体验和事件不能被看作成商品来使用。

另一个重要的发展是视频艺术，它在现代社会带给人们的影响也是无与伦比的。电影是尼克·奈特所说的“时代精神的媒介”，它已经取代了摄影，后者在 20 世纪 80 年代和 90 年代达到了鼎盛时期[33]。随着视频数据处理设备的日益普及，“视频装置”成为了一种规范，“沉浸式环境”一词也被广为接受。罗斯兰·克劳斯（Rosalind Krauss）是最早也是最重要的对视频艺术和视频装置的沉思者之一，她将视频艺术解读为一种复杂的自恋形式，艺术家首先复制到观众身上[34]。在视频装置中，观众可以通过在空间中走动时投射在墙上的阴影来了解自己。她还承认，视频占据了“20 世纪 60 年代极简主义雕塑中固有的时间价值”[35]，观众可以很好地意识到他或她的存在，以及随着时间的推移对作品展开或移动地解码作品的过程。自我陶醉在另一个层面以及在全世界范围内的视频设备上都是相关的，但在视频装置上体现得更为明显。在这里，房间成了“另一个世界的避难所”。[36] 克劳斯对此很矛盾，而时尚装置艺术将多媒体环境的特质和潜力发挥到了极致。模特、服装和环境同时出现在 T 台上，就像是从一个被构建的世界的大门中走出来，在这个世界里，人们的压抑被削弱，并激发了他们的欲望。

第一次现代 T 台秀

第一批的时装模特基本上是做静态展示，它们的周围环境被认为与服装本身无关。直到沃思家族成立之后不久，模特才开始发挥更积极的作用（现存最早的穿着沃思家族长袍的人体模特照片可以追溯到 1900 年）。在模特被允许以动态的形式展示服装之前，如 1930 年以前，一种流行的替代方案是用蜡像来展示服装。这些人物无一例外地都是由“模特和艺术蜡像”（Mannequins et Cires Artistiques）的艺术家皮埃尔·伊曼斯在巴黎创作的，他的作品以犀利、离奇的写实主义风格和细致的手工技艺而闻名。1911 年，在都灵举办的国际展览上，伊曼斯展示了 12 位穿着考究的男人和女人在科莫湖冒险的透视画，并获得了金牌。还有一些关于沃思家族的摄影记录也使用了 20 世纪早期的蜡像馆（大概是伊曼斯的蜡像馆）。[37]

鲍德莱以及后来的本杰明对“瘦身”的概念源于人们对活跃和步行的广泛兴趣，这种兴趣就是运动和散步。在他的拱廊项目中，本杰明从查尔斯·布兰科“关于对女装的考虑”（1982）中得到了大量条目。他在书中指出，第二帝国的时尚更为放松，会激发更为活跃的户外活动：“一切可以帮助女性远离长期久坐的行为都是应该被鼓励的；而任何阻碍她们行走的行为是需要被避免的。”[38] 在 20 世纪，积极主动性被视为现代社会进步的一部分，也因此使人们成为现代的自己。尽管那时有战争，这种未来主义精神结合了流动性和速度，将继续被使用在20世纪20年代。[39] 对于时装模特来说，从A点到B点的转变，也是一种很常规的叙述，最终会进入场景之中。

1900年，设计师开始不再把人体模特限制在室内，而是将他们带入到城市空间中去。布洛涅森林公园是一个模特漫步的好地方，他们在那里可以观察到周围的人对他们的反应。不像古代政权那般，古代政权的贵族对服饰的态度反映了他们自己的自主权和神权。同年，时装馆里的蜡像以华丽的舞台为特色。尽管很多人认为这些蜡像很怪异，但这次展览是时尚被戏剧化的一个重要标志[40]。1937年的最后一次这样的展览中，“品位圣殿”包括30个时装品牌，包括朗万、香奈儿、莲娜丽安、薇欧奈和巴杜等。迈克尔·巴克（Michael Barker）评论道：“用‘假人’这个词来形容雕塑家罗伯特·库图里耶（与他的大师梅洛的丰满的女性形象相去甚远）塑造的时尚的‘人体模型’似乎有些粗糙。”[41] 优雅与梦幻般的怪诞混合在一起，也许是对未来岁月的期待，也有作逃避现实的感觉。

1900年的展览中，时尚展品伴随着文化全景图，其中的世界被微缩。正如本杰明所说的那样：“在1900年巴黎世界博览会上，以‘世界之旅’的名义运营的世界旅游全景，它以生动电影为前景，以变化的全景背景为动画，每一次都穿上了相应的服装。”[42] 人类学和时尚一样，人体的穿着是为了激发无限想象力，预测无数假设的环境和情况。现实与可能、现实与理想，也变得不可分割。对身体的环境被允许从外部世界转向内部，正如本杰明神秘地说：

全景图的有趣之处在于可以看到真实的城市——在室内就能

看到城市。在没有窗户的房子里的真实景象，不仅如此，拱廊的意义同样也是这样的。从窗户往下看，就像一个人可以看到它的内部，但却不能看到外面的任何东西。就如现在房间都有了窗户，但在任何地方都是看不到整个宇宙的。[43]

文化和时尚的场景是封闭、一元的世界，不会引起人们的怀疑和猜测，这是一种内外混杂的现象。

再现这种动态的最佳媒介是电影，因为电影既是对世界的一种令人信服的复制，又是一个相对封闭的“世界”。本杰明凭着自己的直觉非常清楚地认识到这是一种双重关系，他在自己的艺术论文中对此进行了探讨，尤其是对关于电影如何有潜力通过宣传，将大众作为一种交流手段而释放出来，同时又能通过宣传来遏制他们的一些行为。[44]巴黎时装电影于1910年开始流传，受到了美国观众热烈的支持。20世纪20年代的德国魏玛出现了一种新的电影类型，叫作“时尚闹剧”（Konfektionskomodie），它可能是时尚电影最早的先驱之一，它的出现支持了德国蓬勃发展的时尚产业。这些活动通常在时装屋、百货公司和时装游行期间举行。它们吸引了社会各个阶层的人，从职业女性到女富豪。内容通常遵循熟悉的模式，如米拉·加内瓦（Mila Ganeva）所述，包括精明的男店员知道如何迎合反复无常、虚荣的顾客；还有那些野心勃勃、聪明、有名气的女模特，她们希望获得中产阶级地位，成为“时尚女王”（Modekonigin）、女演员、电影明星、设计师沙龙的老板。[45]

时装与电影的融合通过时装表演（Modenschau）为现代生活提供了一种有效的视觉效果，但这种视觉效果是建立在离散的叙事形式上的。对于那些买不起昂贵时装的人来说，为他们提供了一种替代体验也是个不错的选择。[46] 正如加内瓦总结的那样，早期魏玛电影的时装表演“反映了（即使是最直接、最琐碎的叙事）现代性的体验，本质上是因为一种环境变得越来越分散、分离和碎片化的体验”。[47] 然而，正是通过电影媒介的封装，才使这种分离具有一定蒙蔽性和连贯性。

图片以及时尚商品的灵活性，都被反映在生产的过程中，这也体现在泰勒化和亨利·福特身上。这种人体的生产线发现通过电影有着足够的流动性。正如伊丽莎白·维辛格所说：“模特引领着消费定义的生活方式，通过展示商品成为消费群体的一部分，或许还赢得了一个分享聚光灯的机会。”[48] 百货商店和时装屋的时装秀以及电影中所记录的时装秀模糊化，也产生了标准化的外观和姿势的效果。到了 20 世纪 30 年代，时尚与好莱坞的结合成为了消费主义的有力工具，正如维辛格所说，它宣传了一种文化，“一种奢侈和魅力，通过电影中描绘的令人向往的物品来表达”。[49]

虽然杜塞特和沃思在如此华丽的米塞斯场景中占据主导地位，但当时的他们仍然经历了激烈的竞争，正如埃文斯所写的：

> 费利克斯、弗雷德、雷德费恩、瓦莱斯、拉斐尔、马歇尔·阿曼德、比尔和珍妮，这些房屋品牌在美国的销量都很高。
>
> 他们中的许多人从一开始就展示了一定程度的舞台艺术。在 Redfern 这场秀中，模特走在柔软的地毯上，在巨大的销售大厅里向客户展示诱人的礼服……德费恩、帕奎因和比尔都在镜像试衣间配备了电力，可以试穿舞台上的服饰，这是沃思的卢米埃沙龙在 19 世纪 60 年代创下的先例，沙龙用发出嘶嘶声的带活动窗帘的煤气灯照亮了舞厅，顾客可以在四面墙都是镜子的房间里试穿

舞会礼服。比尔和帕奎因都有造型阶段，这是露西尔的一项创新，后来也成为许多巴黎和一些美国公司的特色。[50]

露西尔可以说是第一个善于控制舞台设计中许多可能性的设计师，她常把训练有素的人体模特放在舞台上。1925年，在芝加哥的玫瑰厅（Rose Room），模特被安置在小壁龛里，壁龛的边框上挂着华丽的窗帘，这无疑就是一个微型舞台。这是一种趋势，虽然没有得到普遍理解，但确实开始有了一批追随者。帕奎因有一个可以与任何一家卡巴莱酒店相媲美的舞台，它配有脚灯和强大的电灯。据说，帕奎因在她的一些演出结束后，会安排模特来表演一场芭蕾舞，所有的舞者都穿着白色的衣服，[51]以作为对现代生活场景的补充，用在咖啡馆、音乐会、沙龙、长廊、花园聚会、露天晚会等场景时。对于时尚的批判、体验和消费并不局限于潜在的消费者，同样也是这盛会中的一部分。人们在这里分享着消费的乐趣，逃避现实的乐趣，以及对未来的憧憬。[52]在1914年的美国巡演中，帕奎因在一个舞台前展示了她的模特，观众坐成一排，两边各有两条过道，这在当时是很常见的。这一次是让管弦乐队在百货商店的时装秀期间演奏。在1927年展示她的收藏时，维奥内有一个由莱丽卡设计的闪闪发光的拱形入口，模特出现在那里，就像天上的游客降落到地球。

露西尔（Lucile）的驯化戏剧

尽管在今天看来，历史上很多有关时尚方面的注意力都集中在香奈儿和夏帕瑞丽身上，但在她们之前也存在一位女性时装设计师，也是第一位女性时尚大亨，她就是达夫·戈登夫人，也就是露西尔。到1915年战争爆发时，露西尔洋房有限公司（Maison Lucile and Lucile

Ltd）已经是一家拥有数百万美元资产的公司，并且是第一家在伦敦、纽约、芝加哥和巴黎都拥有房产的公司，露西尔洋房于1910~1915年开业。露西尔从一开始就知道时尚不仅存在于服装中，而且她还有着对戏剧设计和室内装饰的天赋，以及对摄影艺术的欣赏力，这些能力让她的时尚看起来更像是一种视觉艺术，或者说是一种文化本身的艺术。她会参考到历史、文学、艺术，以及任何能唤起她的观众和潜在客户对参与同样幻想的权利需求的东西。就像之前露西尔为了满足自己的目的，不加选择地参考艺术史一样，她会去挖掘艺术的历史文化。其中一个乐团以查尔斯·阿尔杰农·斯温伯恩的诗歌《多洛雷斯》（Dolores，1866年）命名为"毒花之口"（Red Mouth of Venomous Flower）。她叫来年轻漂亮的模特为这些作品摆姿势，并用艺名来称呼她们。萨曼莎·塞弗说，露西尔给她的模特起了"多洛雷斯""希比""加梅拉""弗洛伦斯"和"菲利斯"等名字，这些名字都是取自文学或神话，因为这些新的艺名被认为符合每个模特的性格。[53]

根据模特的性格给她们取不同的艺名，也可以根据性格或心情对不同的室内进行分类。在她的高级定制时装屋里，每一个房间都有不同的主题，当然也是尊重社会礼节的。为了尊重奢华的内饰可以激发欲望的方式，露西尔遵循的工作原则是，一个展示时尚的令人愉悦的内饰有利于更大的消费。正如她自己所指出的："怎么估计环境对女人的影响都不为过，因为或许女人的适应能力比男人强得多，她们成为了她们周围环境的一部分。"[54] 对我们来说这是一个有争议的声明，露西尔知道女性会成为周围环境的一部分，并以一种显而易见的方式做到这一点，身着与她们居住的内部环境相同标准的服装。即使是对19世纪以来的文学作品做一个粗略的调查，也会发现女性的不同身份——主要是中上层阶级妇女，她们与家庭内部是不可分割的，或者是可以相互替代的。塞弗认为，露西尔提供了 19 世纪末服装设计师所没有的东西，那就是在她的室内设计中模仿她的顾客所想所需。塞弗指出："即便是在巴黎和平街（the fin de siecle）或附近的高级定制时装店里（沃思也在这条街上开了自己的店），也不是完全只是为了模仿女性的私人空间而设计的：它们是更为实用，而不仅是奢华的沙龙。"[55] 在 19 世纪 80 年代，沃思的确是第一个将室内装饰作为消费组成部分的人，他在墙壁上用缎子做衬里，并在昏暗的煤油灯下照亮整个房间，因为他期待着最终能看到礼服的舞厅氛围。但沃思的这种愿望显然是公开的，而不是私下的。

这种情况在 1910 年左右开始发生改变，当时作为更安全的国家，这家高级定制时装店的室内设计发生了翻天覆地的变化，雅克・杜塞、珍妮・帕奎因和保罗・波列从露西尔有限公司（Lucile Ltd）的成功中汲取灵感。1912 年时尚评论说，虽然这是常见的做法，结合女帽类的销售，如皮带、帽子和其他服饰配件，"当然女装设计师之前从来没有坚持，椅子、窗帘、地毯和墙纸应考虑选择的装饰，或者说，衣服的风格应该影响一个家庭的室内装饰品"。[56]

露西尔位于伦敦汉诺威广场 17 号的时装屋就像一个富丽堂皇的私人住宅。她也会鼓励她的客户去那里度过他们的休闲时光，那里有客厅或类似沙龙的空间，他们可以在那里打牌、放松、喝饮料。

在她的房子里，一个反复出现的房间主题是"玫瑰屋"，用来挑选和试穿内衣。如果对它有任何批判性的怀疑，那么"粉红房间"消除了所有的疑惑。在装饰上，有玫瑰花的图案和主题，还有一张路易十五的著名情妇蓬帕多夫人床的复制品。房间的尽头有一个梳妆台，上面放着几瓶香水，挂着一面镀金的镜子，两边各有一盏大灯。窗框上装饰着大量的织物，让人联想到舞台布景。[57] 对露西尔的室内设计起到关键作用的设计师之一是埃尔西·德·沃尔夫。1913 年，他写了一本关于室内装饰的颇具影响力的书《有品位的房子》（*the House in Good Taste*）。在这里，德·沃尔夫为 18 世纪法国的美学进行了辩护，正如彭妮·斯帕克所肯定的那样，"在 20 世纪早期的背景下，它被认为是现代的，是可以被广泛复制的"。[58] 此外，路易十五的主题也是露西尔备用的闺房一个显而易见的选择，不仅因为与历史性联系的性别衰败，而且也因洛可可风格的美学在革命时期曾遭受到严重破坏。从 19 世纪 50 年代末到 1878 年，龚古尔兄弟写了四部关于 18 世纪法国艺术和文化的有影响力的作品，从洛可可的角度来看法国新艺术的华丽风格在很多方面是对中国和日本装饰艺术混合的重新诠释。[59] 本杰明断言，沉思新艺术作为世纪之交的主观现象，这是一种内心的表达和对个性的崇拜："在范德维尔德（伟大的新艺术室内设计师之一）看来，房子似乎是一种很主观的表达。装饰于这所房子来说，犹如签名之于绘画。"[60] 这些话与早期现代时尚的发展有着很大的共鸣。在露西尔的影响下，波列、杜塞等人会淡化一些巴洛克式的暗示，采用更古典、线性但仍然奢华的路易十六风格。但在任何情况下，奢华和富有想象力的室内设计都不会让设计师的意图显得模糊不清，这不仅是通过奢华感来证明客户的地位和重要性，而且也通过某种幻觉或现实来强调他们"独特"的个性。

在这一节的最后，还是有必要对埃尔西·德·沃尔夫和她的影响做出一些评论。在许多方面，她的房子在不止一个方面上代表了第一个现代室内装饰设计。就像现代时尚一样，德·沃尔夫强调有品位和漂亮的房子有利于幸福感的提升，它们不仅是一种炫耀性消费，同时也是社会向上流动的一种工具。在更高的层次上，正如斯帕克所写的，他们提供了为“实现或幻想的自我认识和个人主义达到新水平的可能性”。[61] 这本书同样微妙而神秘地揭示了“真实”与“理想”之间的平衡。德·沃尔夫将模型呈现出现实状态，来证明它是非常受欢迎的。[62] 与此同时，这种张力在时装摄影中也同样存在，时装摄影呈现的是一个超前的、理想化的世界，仿佛它就是真实的世界，时尚场景和形象能为人们如何更好地生活提供建议。

从波列到鲁宾斯坦

波列敏锐地意识到，早期的女装时装设计师，如沃思和后来的露西尔都会用大量的材料和无形的外部标志去装饰他们的服装，从而使他们的收藏能享有与艺术同等的地位。例如，露西尔就很喜欢用夸张的标题，比如“激情的奴隶”和“你爱我吗？”[63]，从而为直到今天为止的收藏品打下令人回味的标题。波列也从露西尔的想法中衍生出一种使用审美化环境来展示服装的想法，其中许多衣服被研究得更加深入和复杂，以至于问题变得很棘手：哪一种是工具，哪一种是服装，哪一种是背景。和露西尔一样，波列使用了定制设计的微型舞台，用安德鲁·博尔顿的话来说，“他还把自己设计的高级定制酒店的花园作为时装秀的背景”。[64] 的确，他抓住了户外环境，制造了一个可以来拍摄他的展示模特的机会。而在美国，他利用时装故事的公共空间来发挥更为大胆的效果。

1911 年 6 月 24 日，保罗·波列举办了“千禧年第二夜”(Thousand and Second Night) 派对，这可能是最著名的服装首次大规模戏剧化表演的例子。尽管露西尔和帕奎因等设计师表现出了对自我感觉良好的时装秀的偏好，但展示时装的传统方式仍然是让模特走上秀台，这种方式也有利于在电影中进行复制，而电影是一种服务比时装周更广泛的国际消费的媒介。波列的“派对”打破了时装展所有公认的惯例，刻意去模糊了模特和观众之间的界限，比如所有的参与者都被要求穿着他的波斯风格的服装。波列解释说，他是在参加了一个名为“四艺舞会”（Bal des Quat'z-arts）的活动后产生了这个想法。[65] 这是法国美术学院的教授亨利·纪尧姆于1892年发起的年度活动，四门艺术分别代表了学院的建筑系、雕塑系、绘画系和版画系。这些舞会结合了波西米亚艺术系的学生以及其他成员，被称为现代版的酒神节。从1900年开始，每次派对都会有一个主题人物，通常是希腊人，服装是有专门要求的。

客人要穿上波列提供的衣服，然后被领进一个房间，房间前有一个“披着布哈拉丝绸的半裸黑人，手持火炬和一把土耳其剑”在那里站岗。[66] 然后进入所谓的“被人们铭记为阿拉丁充满阳光的露台”，里面装有喷泉和大块蓝色和金色的牛皮纸。客人上了几级台阶，发现自己站在一个“镀金的大铁笼子”前面，里面有波列夫人，一群妇女围着她唱着波斯歌曲。她是后宫的女王，她的随从是“仪仗队”。从那里，一个人走进一个房间，房间里的弹簧似乎是从地毯上掉下来的，弹簧落入一个“彩虹水晶盆”。此后，客人穿过两扇门，来到一堆绣花靠垫前，著名演员爱德华·德·马克斯蹲在靠垫上。他穿着一件黑色丝绸长袍（源自柏柏尔人的无袖长袍，典型的西北非洲风格），戴着一条“数不清珍珠的项链”。他正在背诵《一千零一夜》中的故事，“他举起一根手指，向东方的说书人致敬”。[67] 两百多平方米的巨大天篷悬挂在这幅由拉乌尔·杜菲所画的壮丽景色之上。

离开了这个场景，房间就变成了一个“神秘而朦胧的花园”。地毯覆盖着台阶上的瓷砖和小路上的沙子，使脚步声减弱了，形成了一种巨大的寂静。漫步其间的人们对它印象深刻，他们压低声音说话，就像在清真寺里一样。在花坛的中间，有一个用白山茱萸做的花瓶。柔和的光线透过它周围的树枝，给它一种奇怪的照明。从它流出的是一股细细的水雾，就像波斯插图里的水雾一样，而粉红色的朱鹭则四处游动，分享着新鲜和光明。有些树上结满了明亮的深蓝色果实，还看到紫罗兰色的海湾。活生生的猴子、金刚鹦鹉和鹦鹉吃的绿色植物生机勃勃，仿佛是一个幽深公园的入口。最后，房间里的人看起来像一个皮肤黝黑、白胡子的苏丹，手里拿着一根象牙鞭子。[68]

波列自诩为“华丽的苏丹苏莱曼”（Sultan Suleiman the Magnificent），他穿着毛皮镶边的长外衣，系着绿色腰带，戴着大头巾，脚上穿着镶有宝石的拖鞋。他也被一小群年轻女子包围着，她们是他的“小妾”。[69]当他的三百名客人都进来后，波列走向笼子，放出他的“最爱”。她“像鸟一样”飞了起来，波列挥舞着鞭子向她追赶。盛大的开幕仪式结束后，远处管弦乐队演奏了《微醺之夜》（*Night of Inebriation*）[70]。

这不仅是一种狂欢的幻想，它坚定地将波列的创作置于情色化的东方主义幻想的领域，他作为无可争议的领袖，模仿着东方暴君令人尊敬的西方形象。波列总是认为自己的价值是投射到自己这一代人身上的阴影，他精心设计了自己的时尚娱乐穹顶，让所有人都黯然失色。在更实际的层面上，这也是对运动和活动的一种庆祝，波列在引入这些主题时发挥了很大的作用，他抛弃了束身衣，穿上灯笼裤，但没有与之相关的保守主义污名。波列的灵感来自 1899 年翻译的 J.C. 的《一千零一夜》。1910 年在北非巡回演出，但最重要的是，迪亚基列夫的芭蕾舞团在同年演绎了里姆斯基·科萨科夫的交响诗《谢赫拉扎德》后取得了胜利。在 1929 年迪亚基列夫去世之前，俄罗斯芭蕾舞团几乎对戏剧、舞蹈、音乐、时尚和艺术都有着近乎催眠的影响力。它使许多艺术家和时装设计师之间的联系更紧密，包括香奈儿和毕加索。再说到波列，尽管他的1911年派对永远不会被超越，但他将时尚置于奢华展示及其他愉悦的范围之内的才能，在他对1925年装饰艺术展的贡献中，找到了另一个令人难忘的例子。为此，用彼得·沃伦的话来说，他在塞纳河上布置了三艘精心设计的游船，一艘展示时装，一艘展示室内设计和香水，还有一艘用来展示水上餐厅。它们分别被命名为Amours、Delices和Orgues，这三个词在法语中以单数形式表示男性，而以复数形式表示女性。[71]

时至今日，将时尚与其他元素放在一起，还是会继续产生许多意想不到的结果，来反映性别、性取向和身份。

把海伦娜·鲁宾斯坦的作品与波列的作品放在一起，似乎有些不合常规，或许不和谐，也许是因为鲁宾斯坦严格来说并不是一名时装设计师。但他们都有一种超乎寻常的自我推销和市场营销的本领，他们知道商品的成功并不仅局限于质量，以及时尚和化妆品都是商品，特别容易被夸大，是很容易被说服的手段。他们两人都对戏剧产生了浓厚的兴趣，这种兴趣使他们都被俄罗斯芭蕾舞团吸引并参与其中。

在关于鲁宾斯坦的详细文章中，玛丽·克利福德开篇就描述了一系列照片，这些照片发表在1941年的一期*Vogue*杂志上，以它们的背景而闻名：

> 对装饰性词汇的夸张，近乎夸张的强调被编码为“女性”，创造了一个在郁郁葱葱的仙境和TechnicolorTM电影场景之间徘徊的场景。一名模特占据了一个房间，房间里弥漫着淡紫色和黄色的色调，这种图案一直延伸到墙壁、地毯和雕刻的小天使身上。亮粉色的窗帘映射在精心布置的镜子上，一排排黄色和白色的乳白色玻璃与同样色调的椅子相得益彰。[72]

这与东方主义相去甚远，但它确实再现了一种理想比例的幻想，它来自这个世界，但几乎不属于这个世界。天花板上挂着一盏淡蓝色的枝形吊灯，“墙壁就像一个展示柜，上面装饰着华丽的花朵图案、蝴蝶结和丝带”。

鲁宾斯坦是来自波兰的移民，在墨尔本开始经营化妆品生意后，由于战争的缘故，她于 1915 年搬到伦敦和巴黎，后来又搬到纽约。1905 年，她已经是一位著名的女商人，她的营销天赋使她积累了一笔可观的财富，这笔财富还被用于投资艺术品。鲁宾斯坦的主要竞争对手是伊丽莎白 · 雅顿，她对化妆品等商品能产生多少价值有着敏锐的直觉，预见到当今推动化妆品和香水行业发展的暗示性行业。她店铺的设计看起来像豪华时尚沙龙和传统药店的结合体，将奢侈品文化与严肃的科学传统的形象结合在一起。她的员工一丝不苟地穿着制服，把实验室的语言带进了她的精品店里。她的产品包装精心考究，暗示着奢华，而产品本身的定价很高，是为了向买家保证原料的质量。如果有任何疑问的话，这些产品都是由名人代言的。她是第一个了解到暗示的力量的人，它可以在化妆品周围制造出一种产品使用之后所赋予的价值。换句话说，消费者将搜索并最终看到产品名称中使用的质量。实际上，产品只是一种消费形象、环境或条件的工具，而这些在大多数情况下是不可能被实现的。

1941 年 *Vogue* 杂志拍摄的照片标志着她在纽约的新系列商店的开业。鲁宾斯坦嫁给了阿奇尔 · 古里埃利 · 柴可尼亚王子，后来自称自己是格鲁吉亚皇室成员。鲁宾斯坦从来不关心真实性，只关心自己的形象：她可以称自己为“公主”，并以她丈夫的祖母的名字命名她的新沙龙为“古里埃利”。她丈夫的祖母是合法的古里埃利公主。她的沙龙，或者说是药剂师精品店，有“药草室”或“礼品室”等主题房间，这些房间都经过精心装饰，不仅用了最昂贵的材料和胶卷，而且还用了鲁宾斯坦当时收藏的大量个人画作中的物品。这些都是美国殖民时期的古董和玻璃器皿。在 *Vogue* 杂志上的大肆宣传是一种厚颜无耻的自我推销。[73]

鲁宾斯坦新房间的主要灵感之一是来自她最近俄罗斯芭蕾舞团的经历，也来自她丈夫的建议。鲁宾斯坦在她的自传中记录了这部作品的色彩是多么引人注目，以及它对她的影响：

> 我已经习惯了那个时代的糖豆色的舞台布景，紫色和品红色、橙色和黄色、黑色和金色的电子组合，让我兴奋不已！温暖、热情的颜色，与我的处女白色和含糊的绿色格格不入……芭蕾舞结束后，尽管已经很晚了，我还是径直回到客厅，扯下我的白色锦缎窗帘。[74]

俄罗斯芭蕾舞团是鲁宾斯坦的催化剂，迄今为止，她一直把服装和装饰视为不与她的产品相匹配、相竞争的部分。但现在它们是互补的，在某种程度上，它们是产品本身的一部分。正如克利福德所说，她的沙龙变成了一个作用于模特身体的空间，以各种方式改变着顾客。

这超出了简单的改头换面[75]。她认为沙龙在世纪之初最早承认身体是“天然的”，然而鲁宾斯坦的新沙龙反映了一种时尚的新需求和把身体塑造成一个现代实体的需要[76]。此外，她强调作为一名美容师在室内的装饰用来填补她的业务活动，给予这些一直以来被视作是女性特质的职权。

对鲁宾斯坦影响最大的是波列。美国时装和设计市场的领先地位在欧洲人的品位中体现，她在自己的沙龙里也复制了这一点。她很清楚波列是如何把自己的家变成一个用来展示他自己设计的作品的地方，包括艺术品和绘画。20 世纪 30 年代初，鲁宾斯坦甚至聘请了波列的室内设计师路易斯·苏来装修她在巴黎的私人公寓。克利福德说，“20 世纪 20 年代，许多时装设计师开始涉足室内装饰，包括朗万、夏帕瑞丽、香榭丽舍和 Vionnet。1932 年《财富》杂志刊登的一篇关于巴黎时装设计师的文章就证明了这一点。到 20 世纪 20 年代末，每一家法国时装公司都把自己定位为一种消费产品，在最新款式的旁边‘出售’独特的艺术和家具陈设”。[77] 鲁宾斯坦的美国市场热衷于看到时装融入更多的艺术风格与设计感，而后者的现代主义风格是不容置疑的。尽管雅顿等竞争对手努力想要超越她，但鲁宾斯坦证明自己非常擅长把“好品位”展现在舞台上。她的内心是对家庭生活的幻想。“家庭生活”，克利福德继续说，“本身就是一种娱乐。在她位于第五大道 715 号的店里，美容院的一层专门用来放置微型玩偶屋。”“这些都是具有各自独立历史主题的立体模型”，他们将鲁宾斯坦的沙龙与当前的时尚展示潮流联系起来。[78] 这个玩偶和这个神秘的微缩模型也体现了鲁宾斯坦的许多艺术倾向，这一次是她与曼·雷和其他超现实主义者的友谊。考虑到鲁宾斯坦对艺术和艺术家的参与程度——收集、赞助、结交朋友，甚至购买非洲面具——她将艺术展示和时装展示融合到了一个前所未有的水平。让艺术与时尚和商业化无缝对接引发了很多忧虑，但也让人们对艺术与时尚的相互关系有了更多的了解，尤其是艺术不仅能给展示和销售的产品带来声望，还能带来更深层次的意义。直到今天，她的作品仍被设计师和时装公司继续使用着，这也说明了她的作品是一种标志。

埃尔莎·夏帕瑞丽和表演主体

波列为了时尚而把艺术系学生在农神节装扮成类似的东西，激起了许多人的想象。虽然它所庆祝的过度行为在战时经历了一段平静期，在这段时间里，人们更看重节俭而非肆意挥霍（香奈儿将利用这一转变），但20世纪20年代以震撼的力量回归享乐主义精神。波列放弃了紧身胸衣，发明了一种新颖的现代移动模型，随后香奈儿和帕图鼓励时尚与运动之间的联系，开创了实验和“异花授粉”的新时代。

夏帕瑞丽最早进军时尚界的尝试是由相当程度的表演性激发而来的，一点也不令人意外，很能说明问题。早在她认为自己是时装设计师之前，在第一次世界大战之前的几年，她被一个家族朋友邀请去巴黎参加一个舞会。此时，随着波列的自由发挥，并参考巴克斯特（Bakst）对俄国芭蕾舞团生动而杂色的设计，以及战前东方主义的享乐主义精神，为服装设计带来了巨大的灵感。夏帕瑞丽凭着她创造和即兴创作的本能，买了一辆四码昂贵的深蓝色 crêpe de chine。夏帕瑞丽的早期设计后来成为她的标志性设计之一，那是一件没有一条缝的绑带连衣裙。她把连衣裙披在身上，也放在两腿之间，形成了她所说的“褶皱效果”（zouave effect）。[79] 它全部用别针固定，最后用一条鲜艳的橙色饰带作为蓝色的对比补充色。

众所周知，夏帕瑞丽的职业生涯是从艺术家和他们的圈子中开始的，其中包括曼·雷、弗朗西斯·皮卡比亚和纪尧姆·阿波利奈尔。她对艺术的喜爱不仅是单一的，而且是渗透的。这也有助于解释她的横向和非常规的时装设计方法。就像艺术品一样，许多设计可以被解读为问题的解决方案，并提出新的问题。在波列之后，夏帕瑞丽的设计在她与达利的合作中达到顶峰，为时装的穿着方式赋予了一种特别生动、富有表现力的特质，有效地放大了展示与穿着之间的关系。因为像鞋帽（尽管寿命很短）或龙虾裙这样的物品，往往会让模特黯然失色，并把他或她置于一个想象的、戏剧化的世界里，这也在这些奇异的服装和他们周围更传统的世界之间创造了强烈的对比。正是通过戏剧性的对比和服装“自我展示”的方式，我们才可以得出早期现代主义艺术风格实例与后来的人物（如利·鲍里）之间的关系，后者是一件“活着的”艺术品。对于他们来说，衣服、时装和遮盖品都是至关重要的。此类表演本身就需要一个与走秀分开的空间。

19 世纪，由于阶级的界限更加明显，引起“入门”的轰动，就是通过完全的过分的力量来宣布差别，或者类似于布鲁梅尔的方式，以优雅的名义来宣称对这种过度漠不关心。但是，在第一次世界大战之后，在先锋派艺术的时代，正如波德莱尔所说，要让中产阶级振奋起来，可以用创造性和反常的方式实现。这些对社会的干预可以有回顾性地被理解为后来被情绪主义者称为“派生”的早期版本，在接下来的一章将讨论，尽管夏帕瑞丽的这些动机并不是出自任何社会的意识形态而是更多的个人提升行为。

但这并不意味着它们不值一提，一个以时尚为中心的表演姿态的例子就证明了这一点。20 世纪 30 年代初，夏帕瑞丽和黛西·费洛斯成了朋友，夏帕瑞丽的传记作者梅尔·西克莱斯特解释到，黛西·费洛斯“相当于变成了 19 世纪那个对着博·布鲁梅尔耳语，并告诉他该穿什么的人”。[80] 她出身贵族，显示出对特权的充分自信，这培养了她自我膨胀的才能。“和埃尔莎一样”，西克莱斯特说，“她内心深处的某种需求使她不得不反抗，这使她的反应更加反常[81]。她喜欢穿着黑色的衣服去参加婚礼，或者穿着红色的衣服去参加葬礼。但是，这些本来是社交礼仪的问题，却得到了很多人的支持，他们的财富和品位是不能被怀疑的。例如，她的豪宅由安德烈·梅尔和路易斯·苏设计。我们记得，苏曾为波列设计装饰，也将为鲁宾斯坦设计装饰。费洛斯后来成为《时尚芭莎》的编辑。”

20世纪30年代夏帕瑞丽和费洛斯居住的巴黎似乎没有美国那么受大萧条（Depression）的影响，或者说表面上没有美国那么严重，因为它是一个挥霍无度地支出、消费和炫耀的地方。波瑞特将波西米亚艺术舞会（bohemian arts'ball）翻译成高级定制时装的做法，在当时作为一种利用社会声望的方式被再次推广。假面舞会层出不穷，但为了给人留下深刻印象，这些聚会显得更加奇特。艺术天才经常被邀请，比如香奈儿的朋友让·谷克多、夏帕瑞丽，而大多数上流社会人士经常被邀请运用广泛的技巧，大多数情人经常被邀请行使广泛的技能，为时装提供比以前更好的创意。

这时有三种情况脱颖而出。一个是让·帕图举办的聚会，正如西克莱斯特所写的那样，“所有的东西都被镀上了银”。他的花园为这一场合盖上了银色的屋顶，银色的墙壁拔地而起，那些装饰用的树和树枝也消失在华丽的银色瀑布下。[82] 不甘示弱的女演员埃尔西·德·沃尔夫，也就是曼德尔女士，扔出了一个金球。这需要用金色的布料重新装饰她的沙龙，用金色的绸缎覆盖桌子，餐巾上系着金色的丝带，把香槟酒瓶涂成金色。1932年，教皇利奥十三世的外甥女，伯爵夫人佩西·布朗特，在六名男性贵族的协助下，举起了“白兰地”：所有客人都被要求穿白色衣服，服务员和音乐家也是如此。一些人戴着由科克图和克里斯蒂安·贝拉德设计的白色假发到达，场面由曼·雷拍摄。佩奇－布朗特可能会觉得有趣，也可能不会觉得她的巴尔·勃朗特会在1995年加拿大蒙特利尔重获新生：一场纪念复活节周末的盛大狂欢派对一直持续到今天。

1935年，玛德琳·切努伊特去世后，夏帕瑞丽抓住机会，在旺多姆广场购置了自己的房产，用于自己的生产和销售。这些房间由让·米歇尔·弗兰克装饰，她的第一个房间是在和平街（rue de la Paix）附近的阁楼上设计的。装饰由阿尔贝托·贾科梅蒂协助，他制作了隐藏灯光的石膏柱。由贾科梅蒂设计的烟灰缸也陈列在螺旋形的柱子上。在一层，夏帕瑞丽开了可以说是第一家巴黎时装店的“夏浦”（Schiap）。在这里，她推出了最早的成衣系列之一，包括游泳衣、晨衣、腰带、帽子、针织衫、内衣和围巾，其中一些被安排在稻草人体模型上。[83] 贾科梅蒂的观点反映了夏帕瑞丽风格的一面，维多利亚·帕斯称之为“奇异的魅力”。[84] 她认为，这与布雷顿“震撼之美”的概念相关联，美具有震撼人心的力量。对于夏帕瑞丽的实践，以及她创造的惊心动魄的美和奇异的魅力来说，休整策略是至关重要的。1937年，夏帕瑞丽创造了她的标志性色调——令人震惊的粉色，以及令人震惊的香水，“震惊”几乎成了她的第二个标志。[85] 这种香水不仅是用来赞美和美化的，也是用来干预和引诱的。这款香水由莱奥诺·菲尼设计，以梅·韦斯特为原型，被称为“第一款性香水”。[86]

夏帕瑞丽的设计以及香水等配饰，似乎都是为了让佩戴者能够表现出众。它们可能不会交到夏帕瑞丽或黛西·费洛斯等迷人的朋友，但肯定还是会引起轰动。这种愿望加深了人们对夏帕瑞丽超现实主义的沉浸感的理解，超现实主义经常被温和地被称为一种合作（主要发生在1936~1939年，最著名的是与达利的合作），也是艺术与时尚交叉的一个典型例子。相反，她的魅力以及对超现实主义运动团体和精神的贡献（取决于她的定义）需要根据她自己的个性来加以观察，她的个性会立即对那些超现实主义者想要煽动的破裂和破坏做出反应。只有夏帕瑞丽把这些方法带入了时尚界。直到最近，她才被评论家认可，因为随着社会认可的前卫服装的重新设计，前卫服装变得既容易接受又有销路。但在他们那个时代，情况可能正好相反，她最著名的一些作品——鞋帽和龙虾裙将被永生化，后者被华利斯·辛普森穿过，塞西尔·比顿拍摄了照片。龙虾礼服（龙虾是欲望的象征，而沃利斯不是天使）就是一个例子，说明震惊之处既在于奇异的幽默上，也体现在接受怪诞的事物上，这是韦斯特伍德后来出类拔萃的组合。正如弗朗辛的散文很有表现力地指出：

> 她也没有借用超现实主义者的形象，但更重要的是，她似乎吸收了他们作品中的幽默和精神。她发现了利用错视画服务于时尚的巧妙方法。她的第一件大获成功的作品是一件手工编织的毛衣，上面绣着一个令人难以置信的蝴蝶结图案，她还设计了一种希腊风格的羽绒衣，营造出打褶的错觉[87]。

夏帕瑞丽擅长设计拥有简洁的线条和实用、有创意的服装，但她的工作特点是让人耳目一新。不仅是可正穿的夹克，而且还有反穿的夹克，或者漂亮的纽扣。因此，身体并不是简单的用来穿衣服的模型，而是作为服装展示和使用的媒介，这是服装本身性能的需要。

2

（几乎）没有用实体来展示的时尚

在第 1 章中，我们从 19 世纪中叶到 20 世纪初伦敦和巴黎的展览开始，讨论了展示主体在叙事性环境因素和商品中间的位置关系。时尚展示的核心部分是通过展览馆和全景来进行展示的。这种展示被百货商店和时尚设计师转化成了另外一种方式，他们减少使用了人体模特，因为他们越来越认识到，现代社会不能仅仅通过人体模特来将时尚带入生活，也不再将服装本身视为是某种自主的东西，而是更多地将其置于一个由图像、意象和联想构成的网络之中，而这些因素都是时尚体验中必不可少的部分。虽然时尚体验的理念在 1910 年以来的时装走秀电影中占据了主导地位，但是由于在同一时期时尚拍摄的兴起，它在精品店也中得到了传达。精品店与百货商店不同的是，即便在今天，百货商店也有专门为特定品牌和设计师设计的专柜和附属品，而精品店则充当了一种“圣地”或“避风港”的角色，帮助表达时尚设计师无论是在整个职业生涯中，还是在特定的系列中的某种情感。20 世纪下半叶，精品店的发展壮大也影响了时装展的博物馆式的时装陈列传统。这一点在第 1 章中讨论设计师作品时已经有所体现，我们所追踪的时尚装置系统既有重叠，也有区分——从露西尔的舞台到鲁宾斯坦的沙龙的例子中便可以看出。然而，除了在奢华和稀有的背景下展示的服装和模特的程度不同之外，无论它们如何矫饰并刻意展现各自的变化，它们仍然与室内或剧院有着相似之处。自20世纪50年代起，流行文化和亚文化的兴起重新定义了魅力和可取性的含义。继而，时尚，包括服装、创意、体验，发现自己在几十年前处于一个不被人看好的位置上。这意味着如今时尚的空间和语义呈指数级扩张。并且，它在物质和概念上的展示方式和传达的内容，在定义社会及个人身份的角色中有着重要的地位。

迈凯伦（McLaren）和韦斯特伍德（Westwood）

或许我们可以从伦敦国王路430号的一系列商店开始追溯，这些商店开启了马尔科姆·迈凯伦（Malcolm McLaren）和维维安·韦斯特伍德（Vivienne Westwood）的职业生涯[1]。这些商店、百货商场，在不同的潮流中（现代、朋克、波西米亚风等）存在于一些化身之下，每一个化身都有一个不同的名字。第一个是“天堂车库”，它的外观带有南太平洋的气息。紧随其后的是1971年开张的Let It Rock。这个店的形式很不寻常，被斯蒂芬·琼（Steven Jones）（后来成为Sex Pistols乐队成员）评论道：“感觉人在商店里，却像在店外闲逛”[2]。用韦斯特伍德的传记作者伊恩·凯丽（Ian Kelly）的话来说就是：

> 商铺的店面靠近国王大道，摆满了Odeon的壁纸、Billy Fury和Sceaming Lord Sutch的照片，以及一个俗气的20世纪50年代风格展示柜，是维维安用粉色塔夫绸定制的，展示着时不时打折的奶油色和粘贴式耳环。整个交易，就服装和装饰而言，是一个复古和改造的混合体[3]。

在美学、方法和听众的角度来看，这一切都与鲁宾斯坦

（Rubenstein）或浪凡（Lanvin）的过度精致相去甚远。相反，迈凯伦和韦斯特伍德的商店及其所包含的东西是DIY设计方法的重要历史标记。墙壁上贴满了20世纪50年代软色情作品的碎片。为了配合这一造型，韦斯特伍德漂白了她的头发，将头发向上竖起。在20世纪70年代的英国，等级制度相当严格，这类客户在传统的高档时装店里是不受欢迎的。"Let It Rock"是另一种亚文化选择。

随后，这家商店改版，起了各种各样的名字："Sex"（或者"SEX"），"生命流逝过快，死亡来得太早"（Too Fast To Live Too Young To Die），"煽动者（Seditionaries）"。迈尔斯·查普曼（Miles Chapman）在谈到"煽动者"时说："球迷常常打碎白色的窗户，把窗户前面用木板封起来，然后喷上朋克的喷剂。"里面是一张皮卡迪利广场的倒放照片[4]。这家商店现在被称为"世界末日"。在她早年的设计中，韦斯特伍德说："我做的衣服看起来很像有一种做旧的风格，是因为我通过摧毁旧的事物来创造新事物。这不是时尚的商品，而是一种时尚理念。"[5]

韦斯特伍德称之为"有理念的时尚"，后来在更官方的和最近的设计理论中称其为"概念时尚"，它将从概念艺术中汲取灵感，而装置实践是其中的一个重要组成部分，将在本章后面进行讨论。韦斯特伍德在很早的时候就意识到不同风格的服装可以共生，但这些服装被认为可以与一些物体和图像进行对抗，这些物体和图像与之属于同一语义、伦理、美学乃至更广泛的经济体系。这些相互关系与战后亚文化的产生和发展方式密切相关，亚文化创造了一个另类的世界，在那个世界中，服装造型、生活方式和生活空间密不可分。

在一次被称为"SEX"的煽动性冒险后，服装与精品店的结合有了一种更为明确的结构。店里的商品几乎全是黑色的，看上去就像一个施虐狂的客厅。为了配合主题营造气氛，韦斯特伍德化了紫色的妆容，穿上了人造革裤子和高跟鞋。迈凯伦和韦斯特伍德在这一时期的伟大创新主要是基于他们自身的积极性。因为他们的主要目的不是出售，也不是开展业务。相反地，时尚及其所有相关的配件，以及店铺本身，只是一个社会评论的载体。迈凯伦曾于 1968 年 5 月去过巴黎，并在之后定期去那里旅行，他吸收了“情境主义”的精神，这一运动始于 20 世纪 50 年代末，当时的代表人物有阿斯加·乔恩（Asgar Jorn）和居伊·德博（Guy Debord）等。情境主义源于达达主义、超现实主义等先锋派运动，是对马克思主义的一种特殊阐释，力图通过对社会的干预，打破权力的主导形态。正如德博在他仍然非常著名的《景观社会》一书中所观察到的那样[6]，现代社会已经变得越来越异化，人们的欲望和目标受到了资本主义的操纵。虽然情境主义不完全是一场艺术运动（可以注意到超现实主义的最初形式是一场诗歌运动，而不是视觉艺术的革新），但它吸引了许多艺术家和诗人。他们使用情境主义的方法去扰乱现状，被称为改革的源头，这是一种使用冲击和破坏稳定的方式来实现变革的，是一种反对资本主义的方式。这场情境主义的先驱者运动在后来被称为“字母派”（法国现代诗歌流派），他们力图用语言来颠覆习惯性的观点和主导性的秩序。受迈凯伦的影响（虽然在影响程度上仍有争议），这些原则被韦斯特伍德付诸实践，就像她重新改造服装一样，韦斯特伍德开始经常重新塑造文字与图像，用于对权力、政治和性做出颠覆性的评论。时尚很容易与情境主义结合，因为这两种尝试无论在过去还是现在都非常具有表演性。

通过理解情境主义，我们也可以开始理解迈凯伦和韦斯特伍德的商店。它们不单是静态的展示商品的空间，而是一种与商品融合的装置艺术，观众、访客和客户可以在其中积极互动，也就是商品的分布与室内千变万化的特性相互配合得当。

不断产生变化的创意有助于强化我们对某种品牌、产品的印象，但是这与我们所认为的产品复兴并不相同。例如，带香味的体育类产品，又或是可口可乐重新包装了“Life”低卡路里版本的产品，在上面使用了更符合低卡路里意识形态的绿色。更确切地说，这种行为更像是艺术家为了个人喜好与外部环境刺激而重置的创意。正如韦斯特伍德所说：“迈凯伦和我更改店铺的名字和装饰去迎合店内的服装风格，这就像展示我们创意的演变过程。[7]”这些商店不仅是游客的天堂，也被策展人称为“实验室”—— 一个进行实验的地方，在这里，商品和里面的布料都是实验的原材料。这是一个具有挑战性的社会命题，尤其是在资本主义已经发展到今天的情况下，当设计高端时装精品店已经变得非常专业化，游客就会觉得自己难以融入。在这种情况下，这并不意味着迈凯伦和韦斯特伍德的商店就会像一些他们想要吸引的顾客一样不讲究。相反，约翰·萨维奇（John Savage）在研究青年文化时指出：“（迈凯伦和韦斯特伍德的商店）每个阶段都以投入极大的精力研究和关注细节为标志。[8] 这在很大程度上归功于迈凯伦在艺术学校的学习，以及他对艺术史的长期兴趣 [9]。”

虽然迈凯伦和韦斯特伍德不是独一无二的，就像他们不是朋克风格的唯一创始人一样，但他们的商店在分散人们在百货商店上的注意力方面，发挥了重要作用。顺便说一句，20 世纪 70 年代也是实验艺术空间和 ARIs 的早期演变时期。ARIs 是艺术家发起的活动，是一种安装艺术作品和举办演出的临时场所和空间。这些都是概念艺术、行为艺术和装置艺术的自然分支，它们当时都致力于挑战艺术的商品地位。因此，这场活动延伸到大型官方机构本身，一直被理所当然地视为宝藏仓库的博物馆。1973 年 8 月，曼哈顿的麦卡尔平酒店举办了一场“国家精品展”，国王路附近的几家商店都受邀参加了“展览”。伊恩·凯丽写道：“这是一场没有任何名称的贸易展，它基于一种意识，即精品店必然是小众市场”。[10] 这是对时装店自主权及其影响大众品位能力的公开承认。韦斯特伍德在纽约期间得以参观了由希尔·克里斯汀（Hilly Kristal）在东村波威里街 315 号建立的纽约朋克音乐厅，它与国王路商店都精心地再现了 2013 年大都会博物馆服装学院（Costume Institute of the Metropolitan Museum）举办的“朋克：混乱与文化”（Punk：Chaos and Culture）展览。正如凯丽所描述的那样，这些场面被重新创造了出来，“仿佛它们是一位伟大艺术家的孪生工作室，或者是某个臭名昭著的暴力行为现场”。从某种意义上说，他们两者皆是[11]。

430 国王大道的最后一次改建以“世界末日”命名，由一个像海盗船一样倾斜的地板拼接而成，以向韦斯特伍德的第一个时装作品《海盗》（1981 年秋冬系列）致敬。商店外面的钟显示有 13 个小时，指针是倒转的。在短暂关闭后，它于 1986 年重新开放。迈尔斯·查普曼（Miles Chapman）是这样描述的：“它的店面是由布谷鸟时钟和大帆船的背景缩影组合而成的……它的台阶通向一扇摇摇欲坠的旧门，里面的地板倾斜得很厉害。”[12]

从无形体的衣服展示再到使用虚拟模特：维果罗夫（Viktor & Rolfe）

在 20 世纪初期，也就是高定服装的发展早期，除了需要天赋之外，如果一个设计师有合适的人脉，那他第一次创业会相对容易一些。例如，休伯特·德·纪梵希（Hubert de Givenchy）不仅仪表堂堂，而且还是个贵族。夏帕瑞丽为纪梵希工作了 4 年，这无疑会给夏帕瑞丽带来一些甜头。但到了 20 世纪 80 年代，随着时装店和时尚的公司化，以及时装设计成为高等教育中的一门独立学科，时装业不仅涉及服装、化妆品和品牌等领域，而且还拥有了越来越多的训练有素的专业人士。在 20 世纪上半叶，一个精品店想要在时尚界有所发展，还是要走手工路线，并且要从一开始就于设计和生产两头抓。然而，就算拥有足够的人才和很强的竞争力，进入时尚行业依然是一项艰巨的任务。由一个简单的经济学原理，我们就可以看出进入时尚圈比进入艺术圈更难：一个艺术家可以用非常小的成本来构思一件作品（如用演出或视频作品），而刚起步的时尚设计师必须从一开始就投入材料成本，然后是担忧场馆租赁、支付模式、宣传投入，等等。

为了解决这个问题，维果罗夫（Viktor & Rolf）（Viktor Horsting 和 Rolf Snoeren）提出了一个非常精准的时尚装置解决方案。时装被展示和构思成一系列的艺术装置和具有表演性的社会干预。维果罗夫都毕业于阿纳姆艺术与设计学院，1993 年搬到了巴黎，定居在房租便宜的第 20 区。他们的第一批作品虽不算是系列作品，但却是两人与时尚界的重要接触，并且见证了他们初进时尚圈时所遇到的困难。正是因为他们把巴黎的时尚界视为一个建立在协议和一定门槛上的、复杂而难以理解的系统，才促使他们去探寻服装本身的定位。因为他们很快就被迫认识到，“时尚”服装只是一种“试金石”，可以用来检验更复杂、更广泛的语义和经济关系。

1995 年 10 月，他们在巴黎帕特里夏·多夫曼美术馆举办了《虚无的外表》这一展览，这也是他们最早的时装作品之一，他们早期的错位感和迷失感有助于解释这一作品。这个作品由一些金色 lamé 所制成的无版型服装组成，这些衣服让人联想到了那些由礼品包装制成的小丑服饰。它们被链条悬挂了起来，并且悬停在一堆黑色欧根纱服装上，仿佛是无实体的金色天使正在受罚。墙上的用金色乙烯基文字列出了一些世界顶尖的模特的名字，并以孩子们整齐的朗诵这些名字的声音与之相呼应。这是一个隐晦的邀请，对象是那些缺席的模特，和占据艺术家尚未渗透的世界的那些人。这一次展览，虽然只在一个商业画廊展示，但它脱离了人类学或博物馆学的背景，展示服装的方式也是非同寻常的，它的装置也确实受到了一些艺术界和时尚界的批判性关注[13]。维果罗夫在评论自己被时尚界拒之门外时说道："他们之所以选择使用装置艺术，不仅只是出于有限资金和资源的权宜之计"。因为装置本身的性质决定了它在时间和空间上的不完全性，因而包含了缺憾和间断。在应对自己被排除在主流和高端时尚之外的问题时，维果罗夫（Viktor & Rolf）对时装业本身的奢侈性进行了更深入的评论，而这种奢侈性是被时尚商品和时尚展示所竭力否认的。

在此之前，他们最受关注的"作品"是在同一年（1996）推出的"Viktor & Rolf Le Parfum"，那是一个无法打开的空香水瓶。这款香水的推出和任何普通的高档香水一样，都有一场声势浩大的营销活动、新闻发布会和奢侈包装。但是这个香水没有气味。另一个经常被引用的空香水瓶例子，是与之相仿的杜尚（Duchamp）的"巴黎空气"（Air de Paris）（也被称为 40cc 的巴黎空气，1919）[14]，是一个泪珠状的玻璃球。后来还出现了一个例子，是一场主题为"缺席"的表演，迈克尔·克雷格·马丁（Michael Craig-Martin）把一杯水放在与眼睛同高的玻璃架子上，取名为"一棵橡树"（1973）。它的无端性和标题达到了一种难以企及的高度。

你们应该还记得上一章的开篇：香奈儿在她的精品店里喷洒她的五号香水，蒂埃里·库格勒（Thierry Mugler）的精品店里充斥着天使的形象。维果罗夫在强调时尚界建立在非物质的基础上的方式——

围绕着欲望、奇想和新奇，以及对未来的毫无根据的承诺，但其实这些东西从来没有真实地存在过。从产品的普遍性和产品名字的本身来讲，“Le Parfum” 在许多方面是纯粹的香水，在使用建议中附上了香水行业的蒸馏方式，如同附带的广告语：“若香水既不会蒸发，也不会散发出它的气味，那它将永远作为一个潜在的可能性：纯粹的承诺 [15]。” 这款仿真香水既实现了它的广告语，也完成了作为香水的职责，因此被抢购一空。

到了 20 世纪 90 年代中期，当维果罗夫推出他们的策略时，香水市场和化妆品市场已经膨胀到了巨大的份额。他们随后的展览 “Launch”（1996 年）也以香水为主题，通过香水来进行巧妙而深刻的阐述，用于建立和保护时装品牌。因为他们只是在遵循一种悠久的传统，即每家公司（如 Joop！、Tommy Hilfiger）都是以一款香水来开始他们的业务或利用香水来维持他们的品牌效应，香奈儿的巨额财富来自她在威尔登斯坦家族公司管理下对于这款 NO.5 香水的 10% 的股份；而夏帕瑞丽的财富来自利用她的香水 Shocking 和其他品牌的推广活动（如产品使用她的名字）。尽管她的时尚帝国财富在不断减少，但她依然可以在 “二战” 后继续过着奢华的生活。随着合成醛类的引入，原香精的成本大大降低。把香水的价格保持在之前的水平，可以使香水行业拥有一个非常有利可图的前景。更加有利润的是，维果罗夫的香水本身就没有成本，而它与其他品牌的共同之处在于包装和营销的成本超过了香水本身。香水也是营销人员的梦想，因为香水能唤起人们无限的想象力：一种令人愉悦的气味可以与任何名人或场景结合在一起。正因如此，维果罗夫可以说给现代香水营造了发展的环境，即将香水的营销与叙事体验和商业形象紧紧融合了起来。虚幻是香水这类产品的本质，它可以将想象和欲望的最基本元素进行升华。

维果罗夫的这次营销活动的结果是不可预知的，但回顾起来确实是一场完全可以理解的对香水行业的干预，它引起了人们对香水作为商品市场的工具既有本质的关注，也正是马克思关于“所有固体都可融化在空气中”这一格言的证明。

“Launch”于 1996 年 10 月在阿姆斯特丹火炬画廊开幕。这是一个真实的、完整的时装表演的小人国版本，有一个缩小版的 T 台，里面有舞台设计和模特的模型、一个缩小版的精品店、一个摄影棚和一个装有小型香水瓶的灯箱，灯箱上面有一张宣传活动的照片，推销 250 瓶真实大小的香水瓶（可以很显然地看出是香奈儿的香水），每瓶售价 200 英镑。正如邦妮（Bonnie English）所观察到的那样，维果罗夫的行动凸显出通过围绕 T 台产品的印刷曝光和媒体炒作，制造了比服装本身，甚至它们代表的意义更大的价值[16]。正如两人中的一位所说：“我们创造了我们想要在时尚界实现的终极目标（但未能完全实现）。这些微型模型代表了时尚界一些最具象征意义的情况，我们希望这些情况能成为现实”。[17]

随后，维果罗夫为他们的秋冬高级时装系列制作了宣传单，上面写着“维果罗夫罢工了”，他们在巴黎各地张贴传单，并且将这些传单寄给时尚编辑。这些传单上表达了如果他们罢工了，那是因为他们的设计师从来没有设计出一个令时装界认可的系列所引起的。正如凯洛琳・埃文斯对“没有收藏的收藏”的评价[18]：

> 这说明设计师们深知，时尚是一种重消费、轻生产的终端产品，在经典的马克思主义时尚中，生产是无形的。维果罗夫对这个行业及它的现状进行了批评，但却以一种讽刺而又会意的方式成为这个行业的一部分。

对行业内部的批评一直是艺术和激进主义的两难选择，但在时尚界中展开，这种动态似乎没有那么激烈。其策略上以制度批判和制造非物质艺术的方式，坚定地跟随着源于40年前的情景主义传统，具有代表性的就是，在艺术家的展览广告上只有一个标题，但是没有举办地点，或在展示画廊里什么也没有，除了指向虚拟现实的链接地址，抑或是给一个假想场地。在这方面，有一个令人难忘的例子是圣地亚哥·西耶拉（Santiago Sierra）在2003年威尼斯双年展（Venice Biennale）上的贡献。在穿着制服的警卫的监督下，只有持有西班牙护照的游客才被允许进入，他们会进入到一个空空如也的空间，里面只有以前的装置设施的残留物[19]。

在维果罗夫的作品中，玩偶和随之而来的玩偶屋美学一直占据着突出的位置。无论它们是否是人为操控的，它们都可以通过充当代替品来表达身体缺失的终极密码，这是考虑表演主体的关键参考点之一。这种表演的难题是受身体本质上的一种不自然状态所导致的，因为人们的身体是受自我意识控制的，这被浪漫主义作家海因里希·冯·克莱斯特（Heinrich von Kleist）多次在他的哲学沉思《木偶戏》（1810）中提到，木偶的动作实际上充满了许多美丽和优雅的元素，因为它们不被人类矫揉造作的精神和肉体上的脆弱所束缚[20]。简单来说，这本书讲述了叙述者遇到了一位神秘的C先生，这位C先生告诉他，他发现木偶的动作比人类的动作更优雅，因为它们的肢体流露出一种人类无法比拟的轻盈。与动作纯粹的木偶不同，人类时常对自己的行为充满怀疑。这些意识和冲动的萌芽会使人们从手头的工作中分心。这是因为我们“吃了智慧之树的禁果”，所以这种不幸的症状是不可避免的。被逐出伊甸园后，我们漫步在地球上，寻找救赎的机会和地方。我们必须设法解决我们的愿望和我们的成就之间的分歧，但这是否有可能成功还是不确定的。根据克莱斯特的故事，困扰人类的问题是他们犹豫不决、怀疑，并且会因他们的欲望而破坏别的事务[21]。

在1993年第一次的T台表演中，模特站在了已经被安装好的支架上，他们摆出的姿态就像活生生的玩偶[22]。1998年，在巴黎时装周的“Launch”上，维果罗夫为他们的“巴布什卡”或“俄罗斯娃娃”系列做了一场表演，他们把模特玛吉·瑞泽（Maggie Rizer）当作一个不可替代的人体模特，并将高级时装一件接一件地套在她的身上，然后再按相反的顺序把这些衣服脱下来。

即使这一次，身体出现在了服装的展示中，它也因被当作一个物品来对待，其存在感被极大地削弱了。在2003年的成衣系列中，已经竭尽全力让自己看起来像双胞胎的维果罗夫把玩偶的主题转到了自己身上，在舞台上设计了相似的服装和脱衣动作。正如斯诺论所说，T台秀“不仅是为了展示服装，也是一种表演”。[23]

正如我们在导论中已经探讨过的，玩偶在时尚界中有着重要的作用和悠久的历史，但是考虑到时尚装置的主题，在“二战”末期发生的涉及时装玩偶的重要事件是值得我们讨论的。由于材料和熟练劳动力短缺，时装业处于各个层次的混乱之中。1944年8月，巴黎解放后，助理机构Entr'aide Française的成员拉乌尔·多特里（Raoul Dautry）提出了一项倡议，以振兴曾经或许是最重要的第三产业之一。他找到了顶级时尚机构Chambre Syndicale设计师尼娜的儿子罗伯特·里奇（Robert Ricci）。他们的提议是制作一系列的时装玩偶，并将它们插入到合适的立体模型——小型化的舞台环境中。展台的主体是线框［由安德烈·博勒佩尔（André Beaurepaire）和让·圣马丁（Jean Saint-Martin）制作］，而未上漆的石膏头像则是由加泰罗尼亚雕塑家琼·雷贝尔（Joàn Rebull）设计。所有当时知名的时装设计师都应邀为这些时装玩偶设计服装。

艺术总监克里思汀·“贝贝”·贝劳（Christian “BéBé” Béraud）是夏帕瑞丽和其他设计师的亲密合作伙伴。他邀请了一些朋友为这些玩偶设计舞台布景。这些人包括画家、剧院装饰师和设计师，如让·科克图（Jean Cocteau）、艾米莉奥·格雷乌萨拉（Emilio Grau-Sala）、乔治·杰弗里（Georges Geoffroy）、乔治·瓦克维奇（Georges Wakhevitch）和芭蕾舞团团长鲍里斯·科奇诺（Boris Kochno）。这些衣服是1945年春夏系列的代表，其中包括70名时装设计师，他们总共为240个玩偶设计了服装。他们拥有精湛的技术，并且注重细节，这意味着他们不仅会关注服装的好坏，连头发、帽子、手套、毛皮、手提包、珠宝、雨伞，甚至拉链和纽扣也得到了同等的关注。卡地亚（Cartier）和梵克雅宝（Van Cleef & Arpels）向他们提供了珍贵的婴儿珠宝。展现出来的结果是非常震撼的，他们传递了一个隐晦的信息：重建未来的意愿和对无法挽回的过去的忧思。该展览于1945年3月在卢浮宫的马尔山馆开幕，仅头几周就吸引了超过10万名参观者。随后，这些玩偶在伦敦、利兹、巴塞罗那、哥本哈根、斯德哥尔摩和维也纳相继展出，并取得了同样的成功。1946年，它们又在纽约和美国其他城市巡回展出。1990年，得益于CondéNast的局长苏珊的努力，展览得以重启。这项事业的成功归功于许多因素，不仅限于玩偶的设计和重制玩偶的技巧，而且还得益于玩偶看起来容易让人解除戒心，以及科克托、科奇诺和许多其他人提供的展示设置，吸引观众沉浸地体验巴黎和世界未来发展的可能性。[24]

说回维果罗夫的玩偶，这个作品的重要性之高，可以比作他们职业生涯的开始。而现在玩偶已经以最系统的方式融入了他们的系列作品，每个系列作品都伴随着一系列的玩偶设计。除此之外，这些玩偶被当作是一种时尚备忘录，也被当作解决不断困扰时尚展览的一种持续性的解决方案。对于这两位设计师来说，这些玩偶是一种确保时尚产品永久化的方式，正如斯诺伦评论的那样："这些瓷娃娃特别吸引我们的地方在于，如今的时尚都好像是一次性的，流行过一阵就被丢弃了，时尚的潮流走得太快了。而我们做这些玩偶的时候就像将时间定格了一样。"[25] 此外，这些玩偶是可以与高定时装并肩的手工艺品。毕竟，许多设计师的作品是如此大胆和带有侵略性，所以这些作品很难被单纯地穿上来表现，因此他们批判的和讽喻的内容往往是由玩偶来演绎的，当玩偶被视为一个更大的语料库，玩偶设计产业以它在20年来的发展给人们留下深刻的印象。这些玩偶在伦敦巴比肯美术馆首次被展出，随后于2013年6月在安大略皇家博物馆展出，2016年在维多利亚国家美术馆展出。在巴比肯的展览中，这些玩偶被放在一个具有巨大的玩偶的房子结构的壁龛（微型模型）中。

在其他关于表示对玩偶的热爱的评论中，霍斯汀和斯诺伦承认他们被玩偶所暗示的游戏本能所吸引。然而，玩偶也能作为一种"控制"的方式[26]，因为它们可以用一种共情的手段，来衡量他们工作中不断增长的语料库，也是一个均匀化的电枢，淡化了等级制度。经过十年的努力，斯诺伦评论道：

我们觉得有一种强烈的需求去做一些与我们以前的工作相关的事情，去利用它并让它成为新的，且更大故事的一部分，也许还能成为一个新的或是更大的事物。通过把它们都展示在一个玩偶屋里，就好像这是对未来或者更好的未来的一个预测，一个对未来的向往，我们试着编辑自己的过去，并给我们的命运加上一个咒语。从一开始，我们就很清楚，如果想要利用展览来创造新的作品，就需要跳出时尚系统现有的背景和条件[27]。

这种将位置放在时尚系统之外的需要不应该被忽视，尤其是当考虑到时尚装置和它的开放性时。他们的玩偶具有双重功能，一种是让自己的系列作品的神圣化变得永恒，另一种是减少官方时装走秀的浮华。作为玩耍的对象，玩偶将自己的身体和心理都置入到一种迷失或与失落相似的体验中。这些神秘的玩偶以天真和冷漠的眼神凝视着观众，这种眼神虽曾是我们遥远的童年时期所熟悉的，但同时又是那么的冰冷、陌生和深不可测。它们也是时尚内在欲望的另一种表达，因为它们包含了一种亲密但遥不可及的欲望，这种欲望存在于一个不属于我们的镜子世界中。

概念精品店和快闪店

就像概念时尚是一种抽象的、非物质的概念，它和有形的服装一样具有影响力，或者说服装就是为了传达一个概念而存在的，而概念商店中包含来自不同设计师或品牌的精选产品，这些产品经过精心策划，与一个总体主题（或概念）相联系。通常情况下，这些主题能唤起一种有进取心的生活方式，并通过定制、体验、个性化、社区和策展等方式来吸引特定的目标消费者。同样地，概念店是想要把自己打造成一个可以探索的空间，在那里产品或主题（故事）定期更改，以保持概念的新鲜感，这种形式很像一个时尚装置。概念店的一个重要方面是，它通常包含咖啡厅或餐厅等体验性区域，并围绕其所体现的生活方式建立周边伴随的空间或社区。尽管这种空间不仅限于时尚，但米兰的第一家高端时尚概念店，位于 Corso Como 10 号，是由卡拉·索托尼（Carla Sozzani）（意大利时尚杂志 *Vogue* 和 *Elle* 的编辑）于 1991 年构思并成立的（见图 5）。2002 年，米兰 Corso Como 10 号与川久保玲合作，在日本东京（还有韩国首尔、中国上海和北京的店铺）开业了，最近的一次开业是 2017 年，在纽约曼哈顿的下城。概念店自称是一个“多功能空间、一个会议室、一个文化和商业的联合场所”[28]，并且结合了画廊和展览空间、一个书店、一个三室旅馆、一个咖啡馆和餐厅。

图 5　意大利米兰的 Corso Como 商店及画廊

2017 年 12 月 20 日，巴黎著名的精品店和概念店科莱特停止营业。这家店是由科莱特·鲁索于 1997 年在巴黎时尚的圣奥诺街（rue Saint-Honoré）建立，科莱特成为奢华时尚的代名词，并与富人和名人的生活方式联系在一起。科莱特以与香奈儿、爱马仕、伊夫·圣洛朗和巴黎世家的合作关系而闻名，就像一家被时尚品牌“接管”的快闪门店，是一家集时装、街头服装、杂志、小玩意、音乐和艺术于一体的综合性产品公司。伯克咨询公司的创始人罗伯特·伯克（Robert Burke）认为：

> 这家店在品牌的选择、展示的形式、服装和设计师的组合上都令人有所启发。如果你被带到科莱特店里，你就是一个很酷的人。如果你在科莱特有一个产品发布会或签售会，你不仅将得到时尚界的认可，还会得到国际时尚消费者的认可。[29]

2017年，科莱特与巴黎世家（Balenciaga）合作，后者推出了打火机、马克杯、睡眠面膜、连帽衫和运动鞋等高档单品。除了五花八门的产品，巴黎世家的创意总监雷姆纳·格瓦萨莉亚（Demna Gvasalia）在为时六周的品牌入驻期间，举办了一系列活动，包括装置展和艺术展。同年10月2日，汤姆·布朗（Thom Browne）开始在科莱特进行为期一个月的驻留，他把这家店的二楼布置成了一个与他在美国时的办公室相似的装置，其中还放置了一些中世纪的家具。文身艺术家里昂·加瓦乔（Leo Garvagio）在此为客人提供个性化的汤姆·布朗（Thom Browne）式文身，一家名为Sant Ambroeus的意大利餐厅在这里开了一个快闪咖啡店，提供给客人一些自制的糖果。这栋三层楼的建筑里有一家提供高级时装的精品店、一座图书馆、一座每月都有新装置的艺术画廊，地下室里还有一家水吧餐厅，供应90多个品牌的矿泉水。

2004年，川久保玲（Rei Kawakubo）与商业和生活合伙人阿德里安·乔菲（Adrian Joffe）在梅菲尔多佛街17、18号开设了多佛街市场（DSM）（见图6）。这个地点是1912年建立的巴宝莉大厦旧址，它也曾成为当代艺术学院（ICA）的所在地。随后，2016年，这家概念精品店将迁至 Haymarket，并在东京银座、曼哈顿、新加坡、列克星敦街的前纽约应用设计学院大楼（1908）和北京开设门店。洛杉矶市中心的艺术区也正在计划和建设一个 DSM。这家由川久保玲策划的概念店被认为比精品店更时尚，它拥有高沙·卢布沁斯给（Gosha Rubchinskiy）和维特萌（Vetements）等品牌，以及那些对自身系列的布局保持着创造性控制的成熟的品牌，如圣罗兰（Yves Saint Laurent）、古驰（Gucci）、普拉达（Prada）和巴宝莉（Burberry）。东京、伦敦和纽约的商店被描述为“部分用于高端购物、部分是艺术博物馆，还有一部分是时尚餐厅”[30]，纽约店对自己的玫瑰咖啡厅引以为傲，除此之外，这家店一共有七层楼，可以乘坐店铺中心的玻璃电梯到达。与科莱特一样，DSM 与提供“限时销售”和“限量销售”的设计师品牌保持合作，以保持店铺在其买家眼中的独特性。2017 年，巴黎世家（Balenciaga）在伦敦多佛街市场推出了个性化的 T 恤印花服务。

图 6　2016 年 3 月 18 日伦敦多佛街市场的气氛总览

巴黎世家于2017年收购科莱特概念店时首次推出了一款产品，顾客可以选择巴黎世家的标志和图形，在此基础上设计自己的产品。这款T恤的背面印有“巴黎世家自制T恤”的字样。伦敦店的艺术装置还包括艺术家马克·杰金斯（Mark Jenkins）的雕塑和视频播放的屏幕。2018年，古驰推出了“古驰之旅”（Gucci Cruise）的独家系列，这意味着该系列只在多佛街市场的门店出售。这个新系列的产品也是多佛街市场与这家意大利高端时尚品牌合作的一部分，包括服装和配饰：运动服、飞行员夹克、运动夹克和T恤，面料上醒目地印着“Guccified”字样。

快闪商店（Pop-up stores）或闪购零售（Flash Retailing）已成为时尚品牌来吸引消费者的兴趣、推出新产品、测试小众市场或增加“酷”元素的常用策略。快闪商店通常占用一个空间1~3个月，它的选址往往青睐购物中心或繁华街道等交通繁忙的地区，这种商店也可以用来做促销活动，以提高品牌知名度。此模式是从艺术界中被借用出来，但被时尚界所完善。快闪是一种艺术活动，最初是为了解决作品在画廊空间中没有固定位置或缺乏特殊艺术场景。在租赁期间的仓库或商店，抑或是在社区大厅等更正式的场所，艺术家会举办临时展览，并在此期间伴有表演活动。在表演结束后，这些场地会被迅速地拆除。快闪是一种庆典式的展览，这让它们非常适合时尚界的展示。如今，时尚界经常委托当代艺术家担任策展人或舞台经理。快闪店为消费者提供价格较低的商品，如围巾、香水或化妆品，旨在吸引那些购物预算较低的年轻顾客。通过这种方式，一个品牌可以收获新一代的消费者，随着时间的推移，这些消费者将成为忠实的顾客。

以最近在伦敦、中国香港和美国各地开设的一系列快闪商店的巴黎的豪华时尚品牌爱马仕（Hermès）为例。2015年，爱马仕在肯尼迪机场航站4楼（JFK）开了一个快闪商店，是仿照该品牌在巴黎的旗舰店构造的，并且在此销售围巾、家居用品和香水。然而，这并不是该品牌首次涉足闪购，跟随伦敦“丝绸吧”（Silk Bar）的脚步，爱马仕于2009年在中国香港开设了一个快闪展厅，将其放置在一个集装箱内，并在两个地点之间进行转换。这个展厅主要展示了围巾和配饰，还向顾客提供饮料，并安排了一名音乐节目主持人来播放欢快的音乐。2013年，该公司在纽约中央车站开设了一家快闪店。次年，“丝绸吧”（Silk Bar）在哥伦布圆环10号的一家经典美式餐厅正式开业。一个滚动的视频屏幕展示与1937年首次制作的围巾图案相关的历史联系，以及“爱马仕丝结”（Hermès Silk Knots）计算机应用程序和关于如何系围巾的教程和研讨会。

“丝绸吧”的两层楼上设置了Les Jeux d'Hermès（爱马仕的游戏），在此客人会被邀请参加跳绳、玩呼啦圈和打迷你高尔夫。爱马仕第一次（也是最后一次）的快闪尝试是洛杉矶的“Hermèsmatic”自助洗衣店和浸染概念店。互动式装置为消费者提供了使用浸染洗涤技术为现有的旧围巾“注入新活力”的机会[31]，也为他们提供了购买独家（限量）的爱马仕浸染系列围巾的机会。爱马仕美国公司首席执行官罗伯特·查维斯（Robert Chavez）说：“快闪的方式是让我们的现有或潜在的客户惊喜地在完全出乎意料的地点，以非常出乎意料的方式与爱马仕相遇。”让各行各业的人们聚集在一起，从回收集装箱和自助洗衣店，到经典的复古美式餐厅，爱马仕的快闪商店装置旨在将消费者带领到一个代表品牌核心价值观和传统和原则的时间和地点。中国香港曾经是英国的一个航运港口和殖民地贸易据点，而简易的美式餐厅是美国文化的象征，它的镀铬柜台、胶木桌面、樱桃派、汉堡和“JOE”牌咖啡，象征着诚实、勤奋和机会。这些都是美国文化的具体表现。简而言之，爱马仕选择时尚装置的地点和概念，都基于它们与品牌传统的关联（爱马仕于1837年开始以马鞍和马术皮具供应商的身份进行贸易），并与过去到现在的“美好时光”、实物产品和有形属性有关联。时尚零售业的传统是创造一个品牌故事，一个关于传统或工艺的独特叙述或神话，甚至与形象的复兴有关。

尊重传统：添加怀旧和真实的元素

时尚品牌（特别是奢侈品牌）通过创造一种吸引目标消费者的特殊故事来建立身份。正是这样一种神话，被用在商店的装置中，用来创造一种与消费者生活方式息息相关的形象，这种形象能通过一种产品来得以体现。该产品及其所有相关的标志，想象和生活，都嵌入了品牌。帕特里齐亚·卡莱法托（Patrizia Calefato）写道：“事实上，品牌是一种介于语言、商品和价值观之间的具有特殊力量的符号[32]。”对卡莱法托来说，品牌不仅具有指定产品的功能，以便将其与其他产品区分开来：它们还体现了一种概念、一种价值、一种情感。[33]

卡莱法托通过考察希伯来神秘学者格肖姆·肖勒姆（Gershom Scholem）的著作以及研究服装在多个版本的卡巴拉主义手稿《服装之书》（该手稿在卡巴拉主义形成之前的13世纪编写）中的作用，开始了她对时尚品牌的力量的分析。卡莱法托参考了肖勒姆的研究，该研究描述了将上帝的秘密名字写在羊皮纸上的过程，然后将其用在无袖夹克和帽子的设计中。神秘主义者穿了七天这些衣服，为避免任何不洁的东西，他将呼喊上帝的名字作为一种净化行为，正如肖勒姆所写的那样，这种行为包含在赋予他的名字的力量中。通过上述类比，卡莱法托建议这种被投入到上帝之名（一种可以翻译的符号）的能量是可以由品牌来代表的。她将肖勒姆的假设向前推进了一步，并利用具有多重含义的，且在文化中作为关键概念存在的上帝的符号来想象在现代世界中存在一个能够解开文本、身体和文化之间的联系的密码。如卡莱法托所观察到的，像卡巴拉神秘主义者把上帝的名字缝在衣服里一样，我们也会用带有名字、品牌、标志、签名和标签的衣服来包裹自己的身体，而这些品牌的名字（古驰、普拉达等）包含着阶级、传承、工艺等多重含义。卡莱法托评论说："品牌是一种在语言、商品和价值观之间具有特殊能量的标志。品牌不仅具有将指定产品区别于其他产品的功能，还体现了一种概念、一种价值、一种情感、一种叙述。"[34]

例如，韦斯特伍德和迈凯伦在国王大道上的商店以不同的形式出现：它与反叛和无政府状态的概念以及工人阶级的价值观联系在一起。店铺内部在墙上、橡胶窗帘和铁丝网上涂鸦，表现"Sex"的概念。后来，当这家商店更名为"世界末日"时，它进行了翻新，它被装饰得像一个古老的古玩商店，并使用了大帆船和一个有 13 个刻度并逆向运行的布谷钟元素。这里曾经是摇滚乐手和朋克乐手的聚集地，这间店铺唤醒并招来了混乱，导致世界发生了翻天覆地的变化。

进一步拿卡莱法托的类比来说，高端时尚品牌是一种标志，它唤起了奢侈品的概念，并象征着游手好闲的富人和名人的社会，以设计师的名义实现的生活成为可能。例如，卡尔·拉格斐（Karl Lagerfeld）或圣罗兰，在当代已经取代了上帝的名字（人们称卡尔·拉格斐为时装界"凯撒大帝"，或是"老佛爷"）。通过互联网搜索奢侈品牌，你会发现一个详尽的标签列表，这些标签代表了真实与想象交织的世界，是一个"非同寻常"的社会世界，这是由一群过着精致生活，且拥有非同寻常的衣服、车和身材的人们组成的[35]。

富人和名人的生活方式：想象一下，当你去吃午饭的时候，顺便去蒂芙尼（Tiffany and Co.）挑选一件完美的奢华珠宝，然后在华尔道夫酒店（Waldorf Astoria）和朋友们共度一个下午，接着去普拉达商店（Prada store）为你不断扩张的衣橱添置新衣服，最后在著名的四季酒店（Four Seasons Hotel）结束这个夜晚。

当然，伴随着你旅行的是迷人的奥迪车（Audi）和躺在乘客座上的路易斯·威登（Louis Vuitton）手包。这是我们都梦想过的一种生活—— 一种充满奢华感和舒适感的生活。

进一步来说，传统时尚品牌不仅包含了上述所有与奢侈品相关的装饰，还保持着由经验丰富的工匠制作优质产品的悠久传统。传统品牌唤起了民族、传统、传承、真实、怀旧等概念。品牌形象不仅可以通过媒体宣传，还通过商店的设施进行传播，这些设施扩大了品牌的形象，奥托·里沃特将其称之为“品牌塑造”[36]。简单地说，品牌塑造是指创造景观或环境，呈现出品牌形象和产品故事，让感官经历一场情感体验。换言之，品牌正在“商品化”自身的真实性，因为它们的关注不再是产品，而是通过使用装置与消费者建立情感联系，并且建立与一种特定生活方式的联系。例如，爱马仕的快闪商店并不是真的为销售服装而设计的，而是为了让顾客体验和沉浸在爱马仕的品牌氛围中，并吸引在时尚品牌形象的包围下成长起来的年轻一代。

“归来的孩子”：英式文化产和美式风格

在创造美国的时尚神话时，维多利亚·曼洛（Victoria Manlow）评论道：“所有的时尚品牌都将为自己塑造一种有意义，值得纪念且专属于美国传统的品质。”汤米·希尔菲格（Tommy Hilfiger）、拉尔夫·劳伦（Ralph Lauren）和时尚品牌李维斯（Levi’s）靠的就是美国民主和自由的神话，这种神话在店内时尚装置的位置和设计上能够得以创造和延续。李维斯（Levi's）尤其推崇美国人驯服蛮荒边疆的神话，以及它与工人阶级价值观和开拓精神的联系。然而，20 世纪 90 年代，李维斯（Levi's）对美国主义和 20 世纪 50 年代西部风格时装的借鉴开始减少，因为随着青年街头文化与摇滚风格和这座城市的联系，超过了复古的概念和风格，迫使该品牌进行重塑。

品牌不仅"重新设计"了标志性的牛仔裤，它在伦敦摄政街和旧金山市场街的旗舰店也被重新设计成了多媒体主题公园，反映了当时城市年轻人的文化。这个行动的目标是"创造一个时尚、艺术和音乐融合的环境"[37]。伦敦旗舰店内有可移动的屏幕和墙壁，作为一个展览空间。一个两层的圆筒形塔楼里有一个 DJ，他站在一个有孔的钢制屏风后播放混合式音乐，这个屏风通过一个类似于夜总会的"放松"空间，把一楼和地下室连通起来。还有其他的一些设施，包括互联网接入的计算机终端、视频制作器、临时艺术装置设施以及图书和音乐柜台。在"定制"区域里，顾客可以使用激光蚀刻、染料或刺绣将他们新买的牛仔裤（或从家里带来的牛仔裤）变成艺术品。2013 年，旧金山旗舰店搬迁了位置，并进行重新设计，但仍然保留了展览空间，并在此展出了湾区艺术家的作品。商店的入口处摆放着彼得森 · 里恩（Peterson Neon）的一面美国国旗的艺术装置作品，对面是一堵回收利用的木墙，上面用霓虹灯写着："未来正在离去。"这面旗子将品牌与美国人对国家的构想和对生活的理解进行了连接。作为 2016 年"We Are 501"季节性活动的一部分，李维斯（Levi's）邀请有影响力的品位创造者及其 501 系列牛仔裤，创作了一幅"鲜活的壁画"，并将其放置在旧金山商店橱窗中。法国时尚偶像卡罗琳 · 德梅格雷特（Caroline de Maigret）、美国 DJ Classixx 和中国多媒体艺术家周翊参与了"李维斯（Levi's）对他们的意义"这一主题的策划视频，品牌方将此视频在商店橱窗里放映。该活动旨在让消费者通过 #501 和 #LiveInLevis 标签，分享他们穿着 501 系列产品的体验，目的是制作反映品牌的愿景的形象，并将与该形象契合的创意人群与品牌联系起来。

李维斯（Levi's）、布鲁克斯兄弟（Brooks Brothers）和拉尔夫·劳伦（Ralph Lauren）等美国传统品牌，通常都有目标用户的性别原型。东海岸大学里的预科生，西部牛仔，社会名流和成功的企业家。这些原型对零售空间策划与使用视觉商品和装置的方式，有着重要的影响。纽约的拉尔夫·劳伦（RL Corporation）男装旗舰店就是一个很好的例子[38]，它展示了零售环境的设置是如何凸显品牌与美国意识原型、旧世界魅力和贵族的联系。劳伦提炼并重塑了美国典型的意识形态，如对个人自由的向往、努力工作和坚持民主，并将这些意识精炼为可以购买和消费的商业化愿望。正如赫帕茨和曼洛所言："成功曾经依靠艰苦的工作，或者继承别人的财富来获取，这种成功很容易得到并令人向往，这种古老的精英遗产标志是为一种封闭的系统服务的，并被人'戴在了袖子上'（在这里是字面的意思）[39]。"这家旗舰店位于麦迪逊大街第 72 号，1898 年糖业继承人格特鲁德·莱茵兰德·瓦尔多（Gertrude Rheinlander Waldo）为自己建造了复兴茶屋（château），这家旗舰店的外墙代表了品牌的形象。店内装饰华丽的木雕、蜿蜒的桃心木楼梯、维多利亚时代和爱德华时代的绅士油画以及灰泥粉刷的天花板，这个店铺的每一层都经过精心设计，表现着不同的品牌标签；一个绅士俱乐部（代表紫色标签——品牌顶级系列）、一个马术乡村马球俱乐部（代表拉尔夫·劳伦·波罗——马球衫系列）、一个西部前哨商店（代表拉尔夫·劳伦品牌风格）和一个典型的"贵公子的房间"，里面有一些小工具，甚至一个罕见的联合战士 120 手工摩托车（可以购买）——非常有 007 的风格。房间里还摆放着布鲁克林的 Affinity Cycles 公司专门为 Ralph Lauren RLX（Ralph Lauren 的运动服装品牌）设计的碳纤维赛车。路的正对面是布杂艺术风格的女装旗舰店，与男装店一样，每一层都有一个专门的策展空间，反映品牌的标签及其与高档奢侈品的联系。为了与男装店的设计相呼应，这栋大楼拥有印第安纳石灰岩的外墙，并装有黑铁木门和窗栏。内部经过精心策划，看起来像一个贵族的度假胜地，并已经被改造成一个带有世纪之交风格的购物中心，有土耳其大理石柱子、发光的陈列柜和珠宝盒式玻璃橱窗。楼梯间里挂着倾斜的镜子和 19~20 世纪的社会名流的黑白照片，其中包括英国首相温斯顿·丘吉尔的母亲、在纽约初次参加社交活动的珍妮·杰罗姆，以及维克多·斯特雷伯斯基为 20 世纪 70 年代的音乐明星戴安娜·罗斯画的肖像。摆放这些精心策划的照片是为了唤起人们对上流社会和特权生活的向往。

在《名利场》杂志 1997 年 3 月的封面上，主角是即将结婚的摇滚乐队——绿洲乐队的主唱利亚姆·加拉赫和女演员帕特西·肯西特，摄影师洛伦佐·阿吉乌斯让他们躺在一个英国国旗的床单上，作为背景。这篇文章，伴随了 20 世纪 50 年代“垮掉的一代”（指 20 世纪 50 年代和 60 年代初期拒绝主流生活方式、追求个性自我表现、欣赏现代爵士乐的一批年轻人）的“hep cat”沙文主义，开始是这样的：

> 呜呜……（火车拟声），爷爷挪开一点，你挡住我的视线了！那是伦敦的景色！从苏荷区到诺丁山，从坎伯韦尔到卡姆登镇，古老英国的首都城市，在一场由年轻人引起的史诗级震动中，重新焕发生机！[40]

当时人们对真实性的追求和对过去的怀念，不亚于 1996 年在英国发起的“酷不列颠”运动。这场运动让人回想起20世纪60年代名为“摇摆伦敦”的文化中心，旨在重新点燃人们对英国所有事物的怀旧和自豪，尤其是艺术、时尚和音乐（尽管它的结果是惨败的）。当时的保守党政府的国家遗产部门发布了一份新闻稿，宣称：“伦敦是公认的时尚和创新中心。我们的时尚、音乐和文化令欧洲邻国羡慕不已。这种丰富的人才，加上我们丰富的文化遗产，明显使“酷不列颠”成为了来自世界各地游客的一个旅游选择。

这就是英国的品牌重塑，随之而来的是丰富的创意迸发，而后涌入了巨额资金、大量赞誉和消费享乐的概念。英国曾被欧洲和大西洋的同行们认为是沉闷而保守的，而如今被年轻的、时尚的和世界主义的东西占据了主导地位。英国艺术的代表有达米安·赫斯特（Damien Hirst）和yBas（年轻的英国艺术家），英国流行音乐的代表有绿洲乐队和辣妹组合。英国烹饪以其平淡的口感著称，而现在却出现了“食色主义”（英语的饮食书写经常使用性的隐喻，意在挑起人们的食欲）的代表明星杰米·奥利弗（Jamie Oliver）和奈杰拉·劳森（Nigella Lawson），英国时尚界由“坏孩子”维维安·韦斯特伍德，亚历山大·麦昆和约翰·加利亚诺“统治”。当韦斯特伍德在她的*Anglomania*（1993年秋冬系列）和《自由》（1994年秋冬系列）中庆祝不修边幅的英国幽默时，麦昆和加利亚诺从英国历史和帝国的辉煌岁月中获取设计元素。英国传统品牌如马汀博士（Doc Martin）、佛莱德·派瑞（Fred Perry）、普林格（Pringle）、雅格狮丹（Acquascutum）和巴宝莉的复兴使传统重新流行起来，英国时尚也重新流行起来。在这股酷炫的热潮中，保罗·史密斯重塑了传统的剪裁风格，并与英国罗孚Mini汽车合作，设计了一款印有他标志性的彩虹色细条形码的限量版汽车（见图7）。

图 7　这辆 Mini 由 Paul Smith 设计。这个设计基于他创造的时尚印花图案，他表示："Paul Smith 永远热爱鲜亮的颜色。"

精品店中的艺术装置

在过去的 20 多年里，时尚品牌一直在凸显自己的不同，不仅为消费者提供购买的产品，而且还为消费者提供一种可购买的"生活方式"，让消费者从家居用品、配饰到餐饮场所和展览场所，慢慢被品牌渗透。就如品牌举办文化和音乐活动，是为了以此来定义他们的品牌调性。建筑师威廉·罗素为洛杉矶的麦昆设计商店店铺，里面摆放了艺术家罗伯特·布莱斯·缪尔的人体雕塑，一个名为"美洲天使"的人像悬挂在入口的灯光下，他的头和肩膀探在商店外面，模糊了商店和画廊、产品和艺术品之间的界限。同样，巴宝莉米兰旗舰店中也囊括了各种艺术作品和装置，其中包括了一个模仿英国天气的空中投影。2003 年，牛津街上的 Selfridges（英国大型商场）成为斯宾塞·图尼克进行表演艺术安装的场所，以此吸引媒体关注，并最终吸引消费者的注意力。图尼克拍摄的“Body Craze”场景中，包括了500名裸体者在百货公司的自动扶梯上摆好姿势。回到保罗·史密斯，这位设计师设计位于西好莱坞梅尔罗斯大道的洛杉矶旗舰店因其明亮的粉红色墙壁而被称为“地标”，引发了大批人们在这里拍照上传至Instagram（照片分享类社交平台）的现象。“当我知道我要在洛杉矶开一家商店时”，保罗·史密斯说，“我意识到我必须要做些有影响力的事情，它现在是加州拍照打卡最多的建筑之一”。[41]这个建筑引发了很大的热度，所以在2017年，保罗·史密斯与Instagram合作，在该粉色墙壁上画了一幅彩虹壁画（该图案为品牌的标志），以庆祝女同性恋、男同性恋、双性恋、跨性恋和酷儿（LGBTQ）自豪月（6月5~11日）。这面临时彩虹墙（恢复粉色之前）鼓励Instagram用户加入这一活动，在帖子上留下支持性评论（见图8）。绘制这面墙并不是为了吸引消费者进入商店，而是成为在零售品牌和社交商业中，一个执行良好的宣传活动。这面墙增强了保罗·史密斯的品牌知名度，扩大了目标受众群体数量，并为品牌的消费者提供了与其他有共同喜好的人建立联系的机会。该店的外墙既是一种设施也成为了一种公共艺术，而店内经常举办签售活动和展览。位于卢森堡市福斯街的保罗·史密斯精品店，曾作为环法自行车赛庆祝活动的一部分，举办了一场由艺术家詹姆斯·萨弗隆设计，并以自行车为主题的装置艺术。该装置包括12幅描绘环法自行车传奇的画布，他们还用一套印刷品展示了自行车运动员在7月3日和4日（2017年）卢森堡站比赛中经过的20个城市，以及不同地点的街头艺术。这并不是保罗·史密斯和詹姆斯·萨弗隆第一次一起制作有关庆祝环法自行车赛的装置。

图 8　彩色条纹外墙的保罗·史密斯店铺，摄于 2017 年 6 月的一个晴天，
位于加利福尼亚州，洛杉矶市的梅尔罗斯林荫大道

作为保罗·史密斯与 Condor Cycles（包括服装、自行车和自行车配件）合作的一部分，萨弗隆举办了一个展览，展出了一系列曾在希思罗机场 5 号航站楼环球商店艺术墙区展出过的艺术品。“零售”成为一种融合了艺术展览、图书发布会或音乐会等娱乐活动的销售模式，这种模式让奢侈时尚品牌与文化和对知识的追求联系起来，从而产生正面宣传的有效手段。

正如我们在《时尚与艺术》（2012）和《从韦斯特伍德到范·贝伦登克的关键时尚实践》（2017）中所指出的，一些奢侈时尚品牌参与了艺术赞助。如 LV 在巴黎香榭丽舍大街旗舰店内推出了艺术展览中心和书店，名叫“L'Espace Louis Vuitton”（由弗兰克·盖里设计）。作为一种艺术和文化表达手段，该中心展出了当代艺术家的作品，如凡妮莎·比克罗夫特（Vanessa Beecroft）（2006 年 1~3 月）和杨福东（2017 年 10 月 ~ 2018 年 3 月）。

还有许多其他的支持艺术家的举措，如“Furla per l’Arte”是时尚品牌 Furla 和意大利艺术与文化基金会之间的合作。当然，还有一家普拉达精品店坐落在米兰的老酒厂（由雷姆·库哈斯设计），它作为一个当代艺术博物馆，里面有画廊和一个可供播放电影、现场表演和发表演讲的剧院。宝格丽、劳力士、卡地亚和杰尼亚都参与了一些艺术活动，并将这些活动作为一种零售推广形式。这些活动不仅限于艺术、电影、文学和音乐；时尚品牌现在通过为消费者提供餐厅、酒吧和咖啡厅来放松、补充能量和社交，让消费者享受完整的购物和生活体验。食物也一直是时尚装置的重点，这并不奇怪，因为食物和时尚都选择身体作为载体。值得注意的是，2014 年、2015 年香奈儿秋冬系列成衣 T 台秀将巴黎的大皇宫变成了一个定制版超市，里面有特制的香奈儿印花产品（见图 9）。模特扮成顾客的样子推着购物车沿着过道行走，并从货架上抢购商品。其他模特则拿着印有香奈儿标志

图 9　摄于 2014 年 3 月 4 日，在法国的巴黎时装周上，一个模特正在 T 台上展示 2014 年、2015 年香奈儿秋冬系列

性手袋链的购物篮，在杂货店的过道上相互交流。这些产品都印上了该品牌的标志，意在向消费主义和奢侈品致敬。香奈儿的创意总监卡尔·拉格菲尔德表示："对我来说，超市是当今的流行艺术。[42]"

本着以时尚和美食为主的理念，拉格菲尔德将巴黎大皇宫改造成了一个以法式小酒馆为主题的T台，确切地说，是将为香奈儿2015年、2016年秋冬系列所设计的T台改造成一个法式酒馆（见图10）。开放式的T台装置，里面包括一个360度木质吧台、马赛克花样瓷砖地板和红色皮革的展位。著名的肯德尔·詹纺和模特卡拉·迪瓦伊坐在吧台旁，侍者们供应着饮料，吧台上摆着装满巧克力牛角面包的篮子。T台被皮质座椅占据，前排的桌子上铺着白色亚麻布（见图11）。这个空间里开放了几个茶吧，供应浓缩咖啡、香槟、橙汁和食物。模特沿着这个酒馆主题的T台行走着，侍者在人群中穿梭并接受着订单，这个法式小酒馆的装置是为了向法国的咖啡社交界致敬。

图10 法式酒馆的外观（香奈儿女装2015/2016秋冬巴黎时装周外观）

图 11　在法国的巴黎时装周，香奈儿 2015 年、2016 年秋冬系列女装秀上，于巴黎大皇宫内展示的 Gabrielle 法式酒馆主题的 T 台装置内部

从高级时装到高级美食的美食时尚

马克西姆（Maxim's）餐厅是巴黎著名的餐厅，它位于皇家大道，建于 1893 年，内部拥有一个私人博物馆和画廊空间。1983 年被皮尔卡丹（Pierre Cardin）收购。虽曾为 1899 年的巴黎博览会进行了重新设计，但内部仍然保留着最初的彩色玻璃天花板和前拉斐尔派风格的壁画，这些壁画由衣着大胆的美丽女子组成，其风格与贝勒波克时期（Belle Époque period）有关（见图 12）。

画廊和博物馆空间由三层以上，且内部包含了新艺术运动风格的家具、物品和艺术品组成，装置中再现了一个交际花的公寓和私密的闺房。当马克西姆餐厅于 1893 年开业时，作为一个高级烹饪殿堂和一个象征时髦与富有的旅店，很快就获得了赞誉与关注。英国王储爱德华七世曾在此，躺在红色天鹅绒长沙发上，喝装在舞者拖鞋中的香槟（一种向舞者致敬的方式）。

图 12　巴黎马克西姆餐厅的内部

像航运巨头 Aristotle Onassis 和歌剧演员 Maria Callas 或 Edward 八世和 Wallis Simpson 等人也经常在此同桌进餐。[43]（同样值得注意的是，这家餐厅有自己的香槟品牌）马克西姆“独特的”名声很快就在 Franz Leha 的低俗歌剧《快乐的寡妇》和在 Georges Feydeau 的喜剧《来自马克西姆的夫人》中得到了纪念，马克西姆餐厅被称为“一个会带情人，却不会带夫人来的餐厅”。[44] 后来，马克西姆餐厅被法国政府宣布成为历史和文化的丰碑，它已经成为一种魅力和风格的比喻，与法国和时尚的一切事物联系在一起。“名誉是获得授权的首要条件，而且是建立在声望转移的基础上”。[45] 皮尔卡丹（马克西姆的拥有者）的意图是将品牌“Maxim's”与这个名字所唤起的所有魅力（和丑闻）以及奢侈联系起来[46]，这被认为是时尚零售扩展和授权的第一批尝试（与克里斯汀·迪奥、纪梵希和伊夫·圣罗兰齐名）。

关于食物及其传达意义的能力，人们已经写了很多相关的文章。如作为一种标志着饮食习惯的交流系统（Roland Barthes，1961），作为语言食粮的储备（Claude Lévi-Strauss，1964），以及作为区分奢侈品和阶级品位的一种方式（Pierre Bourdieu，1979）。

布迪厄在他1979年的重要著作《区隔：品位判断的社会批判》中，通过分析法国资产阶级的饮食习惯和消费习惯来区分品位的不同。他将消费划分为食物、文化和外在展示（包括衣服和配饰）这三个项目的板块。布迪厄分析了这个结构，并以此作为确定差异（包括性别）的一种方法。简单来说，工人阶级（体力和工业劳动者）的消费偏好是花费钱财购买大量食物；中产阶级的品位偏好就丰富了些（如成本和热量方面），他们偏爱“厚重、肥腻、粗糙的食物”（野味、鹅肝酱）；与他们相反的是，具有专业技能的部分阶级（如教师和行政管理人员），他们更喜欢“清淡、细腻、精致的食物”。他还写道，货币限制的消失伴随着社会审查的增加，社会审查禁止“粗制和易肥胖”的食物，取而代之的是“清淡和品质优异”的食物。“对稀有、珍贵的食物品位表明，传统菜肴也富含着昂贵而稀有的产品（新鲜蔬菜、肉类）。”在文化资本而非经济资本方面更富有的人，往往喜欢“异国风味的食物”（意大利菜、中国菜等）和布迪厄称之为“农民菜”的平民烹饪主义。他还提道：

教师反对的新富（暴发户）和他们所谓的富人食物，这些暴发户是丰盛大餐的买主和卖主，也被称为“肥猫”，他们有足够的经济实力，并以一种被认为是“庸俗”且傲慢的方式生活着，这些暴发户的生活方式在经济和文化消费方面仍然非常接近工人阶级[47]。

布迪厄对法国资产阶级的社会分析表明了势利行为的猖獗，每个阶级的人所作的审美选择都与其他阶级的不同，可以说与其他阶级的选择是对立的。换句话讲，社会是一个权力关系的系统，也是一个符号系统，在这个系统中，品位的区别将成为社会阶级判断的基础。诺伯特埃里亚斯认为，精英阶层的文化习俗会“渗透”到其他阶层[48]。因此，下层阶级会效仿精英阶层，埃里亚斯的论点与索尔斯坦维布伦对有闲阶级的研究非常接近（有闲阶级理论：对制度的经济研究，1899），后者被认为是时尚研究的基础范本。简而言之，维布伦对炫耀性消费的研究表明，时尚是从上层社会向下层社会垂直流动的，每个阶层都会受到上层社会的影响。由于下层社会群体通过采用和“模仿”上层社会群体的时尚来寻求确立更高的地位，上层社会群体采用新的时尚流行来区分自己，并显示自己的财富。布迪厄、埃里亚斯和维布伦的研究有助于理解将时尚和食物用于衡量财富与品位的原因。以品位、设计、鉴别力和外观主导售卖数量的新式烹饪为例，在这方面有炫耀性消费，表明一个人其实并不需要花那么多钱，即形式大于实质。

奢侈品牌开设咖啡馆、酒吧和餐厅是另一种“零售”的发展形式，因为时尚品牌创造了一种品牌大环境。在这种环境中，人们可以直接消费和使用品牌的产品。为了将艺术设施和食品相结合，绝大多数奢侈时尚品牌现在都能提供我们所谓的“美食时尚”，并将此作为购物体验的一部分。米兰的威尼斯大道（Corzo Venezia）上的杜嘉班纳（Dolce and Gabbana）精品店内设有马提尼美食酒廊，让消费者可以体验20世纪50年代米兰的就餐环境。该美食酒廊是杜嘉班纳与马提尼酒吧的一次合作，这个酒吧从花花公子詹姆斯·邦德（007）和费德里科·费里尼的经典电影《甜蜜的生活》（*The Sweet Life*，1960）的上映开始流行，《甜蜜的生活》讲述了八卦专栏作家马切洛·鲁比尼在罗马寻找爱情和幸福的“甜蜜生活”之旅。杜嘉班纳美食酒廊的内部有一个拥有表面光滑的黑色吧台，在吧台上方悬挂着霓虹灯制成的马提尼酒吧标志，意在让人联想到20世纪50年代意大利的好时光（或繁荣时期），这是一个经济增长迅速和繁荣的时期，也是意大利设计和文化发生重大转变的时期。汽车业中菲亚特、维斯帕、阿尔法罗密欧和倍耐力，再加上意大利电影业和规模较小的工艺和设计公司，使意大利经济和文化拓展了国际版图。这个美食酒廊还是杜嘉班纳“私密秀”的邀请地点，该秀作为2017年春夏系列米兰时装周的一部分，其特色是将时尚和美食结合在一起。

作为零售战略的一部分，1824年普拉达收购了意大利历史悠久的糕点店Pasticeria Marchessi，并在米兰开设了第二家分店，其黄绿色色调，柔和的室内装潢与普拉达的2015年秋季系列相互呼应，我们认为这不是巧合。他们还在商店的后面设置了一个私密用餐区，顾客可以在那里逗留。还有古驰的Osteria餐厅，这是一家有50个座位且被绿色包裹的餐厅，它位于德拉梅坎齐亚宫内的古驰博物馆（Gucci Garleria Museum），这家博物馆内的展厅由时尚评论家Maria Luisa Frisa策划（见图13），它被分为一系列的展示空间，一共跨越两层。在“Guccification”空间内，悬挂着绰号为“Gucci Ghost”的艺术家——Trouble Andrews的涂鸦风双G徽标。安德鲁在与古驰创意总监亚历山德罗·米歇尔的合作下创作了2016年秋冬系列。“Paraphernalia”空间诠释了古驰产品中的标志性元素，而“Cosmorama”空间展示了古驰的物品和配件。博物馆的上层的“Cinema de Camera”放映厅，展示的是一部短片《宙斯机器 / 凤凰》(*Zeus Machine/Phoenix*)，该片由扎普鲁德的电影摄制团队制作，另一层是“De Rerum Natura”，这是一间具有自然历史博物馆风格的展厅。最后，“Ephemera”包含了一些可以追溯品牌发展的历史的藏品、视频资料等。

图 13　摄于 2011 年 9 月 26 日的意大利佛罗伦萨，可以看一下古驰博物馆开馆时的一个大体情况

在购物环境中设置专门的美食空间已经不是什么新鲜事了，百货公司和购物中心从 20 世纪初就开始为消费者提供美食服务。如今，奢侈时尚品牌希望吸引的消费者类型改变了，他们希望吸引千禧一代，也就是 20~30 岁的人，可以称他们为“食品一代”，或者简单来说是“美食家”。就像快闪商店，其目的就是让新的、年轻的消费者认识一个新品牌，并建立品牌忠诚度，时尚品牌提供了这样一个社会环境，让千禧一代可以在此与朋友进行交往，也可以购买产品。千禧一代是在 20 世纪 80 年代和 90 年代，流行电视烹饪节目和美食明星的时期中成长起来的，比如杰米·奥利弗、尼吉拉·劳森和戈登·拉姆齐。他们会买无麸质的手工面包，喝手工啤酒，吃罐头猪肉色拉。这一代人是慢食运动的一部分，他们相信可持续农业，坚持食用原汁原味的食物。总之，他们花在食物上的钱比之前任何一代人都多[49]，并且他们主要的兴趣总是围绕着时尚和朋友。盛世长城广告有限公司（Saatchi & Saatchi）的首席策略师，万达·宝格表示："正如人们曾总是通过自己的衣着和财产来展示自己的身份一样，Gen Z（20世纪90年代末至21世纪初出生的一代人）和千禧一代也将进一步探索通过他们吃的食物来表明自己的身份。对于消费者和公司来说，食品已经成为另一个自我表达的平台——一种表达创造力甚至设计感的方式。"[50]

2017年，LV邀请杰夫·昆斯为其全球门店设计了一系列的橱窗展示，从尼斯到巴黎，再到米兰和纽约。昆斯用他当时在众多展览（包括凡尔赛宫的一个展览）中推出的标志性作品为元素，即一个可以追溯到他职业生涯早期的作品——反光金属兔子雕塑和经受无数次迭代的放大版金属气球狗（见图14和图15）。与这些作品一起摆放在发光的地面上的是昆斯风格版的LV品牌图案。用一个流行的、经常被误用的术语来说，这是一个奇怪的"合作"。"奇怪"是因为品牌符号的协同作用，更确切地说，是品牌符号的相互作用。当时尚在作品中加入艺术元素时，总是能表现得更好，因为它试图推翻固有的等级制度。这里没有商品、没有人，只有价值的替代品。毫无疑问，这些作品的光泽和反射是无人质疑的，在昆斯（或LV）品牌中是很少见的。所有人都被呈现为"价值+价值+价值"的广告信息，令人眩晕，甚至恶心。这是当代艺术和时尚的终点。当你需要的只是展示时，谁还需要现实？

图 14　2017 年 12 月米兰好的 LV 橱窗展示：反光金属兔雕塑

图 15　2017 年 12 月米兰好的 LV 橱窗展示：气球狗

3

空间中的身体与总体艺术作品

贯穿本书并反复出现的主题是一个关于时尚的问题：时尚，它在哪里？人们对时尚的期望加剧了对时尚体验定位的难度。当今社会认为时尚不仅只存在于服装中，这已经是老生常谈了。时尚首先作为表征存在，其次作为联想存在，在叙事活动中能及时地体现自己。就像本杰明曾说过，与抽象的整体概念相反的是，在碎片和瞬变的现象中反而可以明显地感受到更多时间的存在。时尚在现代性中的起源总是伴随着技术的发展而发生的。18 世纪，时尚作为一种意识形态和经济体系，与包括早期报纸在内的流行印刷媒体并行发展。高级时装的流行与摄影的引入几乎是在同一时期，到了 19 世纪初，它在电影中频繁出现。因此，时尚看似自然的演变是在为自己营造一个环境，要么改善现实世界，要么呈现出另类世界。由于时尚在理论上和其自身消耗上是多种元素和因素的混合，所以在 20 世纪末期，它成为了多媒体视野的顶峰，可以看作是时尚系统必然的结果。时尚装置成为了理查德·瓦格纳（Richard Wagner）所说的“总体艺术作品”，它是不同种类艺术的和谐结合。它们如今通常以现场表演的形式存在，如时装秀、艺术或时尚装置，电影或现在广为人知的时尚电影。我们将当代时尚装置分为三个简单类别：开放式、密封式（或封闭式）和静止式。前者适用于能让观众参与其中的时装秀，甚至以观众为主。后两者在某种程度上被用于静态时装装置，如那些在博物馆或美术馆中被展出的作品。以及电影和时装，其中的动作或多或少是离散的。

“总体艺术作品”

在过去的几十年中，“总体艺术作品”的概念得到了复兴，大部分是通过将影像艺术引入艺术主流实践中，并随着表演艺术的复兴，使影像作为一种传播媒介，其传播范围也变得很广。21 世纪初，可以说在艺术和相关理论中最活跃的流行词是“新媒体”，这是描述数字媒体的一种涵盖性术语。录像和录像艺术被归入新媒体的范畴，尽管“总体艺术作品”曾被用作理解电影的一种方式，但它在艺术家和理论家之间更为流行。如今，对于任何使用数字设备的人来说，动图的普遍流行使其成为一种容易理解的形式，顺利地融入每个人的生活和社交行为中（从 Facetime 到 YouTube 再到 Snapchat）。

在当代时装秀与艺术、设计和日常生活中数字媒体兴起的同一年，“总体艺术作品”被认为将可能再次复兴。尽管在走秀现场上使用图像是很常见的事，但在现场中，它们是最复杂的舞台设计和艺术指导的场景的组成部分。当代的时装表演揭示了戏剧和歌剧设计之间的生动交融，同时兼具了对艺术工作室和商业电影的艺术指导作用。时尚的物品被简单地认为只是服装“本身”，这一想法被本杰明称为“幻影狂”（phantasmagoria），即镜面刺激的饱和，因此时尚对象被揭露为事情的本身。在日常生活外，比如说在时尚电影中，模特和服装成为缩略性表述的轨迹或暗号，通过数字处理来切断与所谓“真实”外部世界的一切关系。

“总体艺术作品”这一术语最初是于 1827 年由哲学家和神学家卡尔・E・特拉恩德夫在其美学研究中创造的[1]，又由于理查德・瓦格纳（Richard Wagner）的两篇论文（1849 年撰写，后于 1852 年发表）被更为广泛地使用[2]。尽管目前尚不清楚瓦格纳是否知道特拉恩德夫新创的术语，但后来他成为了这一术语的推广者，并用此术语来形容他对于整个戏曲、戏剧和艺术独特而开创性的贡献。被特拉恩德夫所认同的德国浪漫主义传统中，其他思想家已经开始讨论艺术融合的前景，这些典型人物经常被歌剧艺术所吸引。在这个时代前后，人们接受了关于分隔不同艺术的经典著作，并认为不同的艺术传达了不同的情感和观念，也是 1766 年由戈特霍尔德以法莲·莱辛创作的希腊雕塑《拉奥孔和他的儿子们》(*Lako ö n and his Sons*) 的冥想。

但是浪漫主义者厌倦了他们所说的审美严格性，并观察到艺术学科挑战其形式参数的方式。1854 年，在修订莱辛的遗著时，古斯塔夫·弗雷塔格提出，不仅小说有变化，“几乎所有其他艺术都在变化，绘画在音乐中也在变化，显然在努力超越界限”。忠于一种浪漫的韵律，这种超越无异于从死亡的壁垒转移到永恒的壁垒[3]。瓦格纳的概念可以追溯到古希腊人是人类发展巅峰的想法。但是，一旦“雅典城邦”倒下，艺术的各个分支就会破裂、分离，艺术从而被大大削弱。这些艺术的分支发展的潜力有限。正如瓦格纳所宣称的那样：“如今，每一项单一的艺术都无法再为我们提供任何新的东西[4]。”

瓦格纳在受到 1848 年整个欧洲发生的革命的鼓舞后大胆地断言，艺术融合与社会凝聚力之间存在必然关系[5]。与它们曾经的存在形式相比，这些离散的艺术被剥夺了它们的原始潜能，但瓦格纳发现这种潜能可以在歌剧中恢复，后来有些人将其称为“音乐剧”。他的思想在《尼伯龙根的指环》(1848~1874)、《王者之心》(1857~1859) 以及《帕西弗》(1877~1882) 中得到了最有影响力的体现。在瓦格纳和其追随者的心目中，这些作品是凝聚音乐、戏剧、诗歌、舞蹈、绘画和雕塑的艺术典范（后两者表现在舞台设计和视觉画面中）。如何衡量这一成就的程度是极富争议的。[6] 尽管如此，瓦格纳的思想和作品仍然将在 19 世纪和 20 世纪初继续引起共鸣，不仅会影响作曲家，而且会影响作家、戏剧家和建筑师。例如，包豪斯进行的许多实验都可以证明他的影响力。

在电影发展成一个主要行业的前期，瓦格纳的想法获得了新的吸引力。从 20 世纪初开始，理论家和电影制片人就开始关注“总体艺术作品”的概念，特别是合成的概念，正如卡罗琳·伯德索尔所解释的那样，“合成的最初，是基于（视觉）电影技术和叙事关系上的”。但是随着在 20 世纪 20 年代，声音被运用在电影界后，这种类比变得更加活跃。纳粹主义在其电影和集会中也积极地从理论和实践方面采用镜面反射的艺术概念，不仅是为了推进带有侵略性和说服性的展示，而且也是因为瓦格纳本身狂热的反犹太主义。正如伯德索尔所说：“1933 年之后，开始采用声音和图像统一的同步录音胶片来作为德国民族主义瓦格纳式合觉模型（Wagnerian synaesthesic model）的主要示例。”[7] 电影院指定的空间不仅是为了体验德意志民族的共性，也是为了充分体现技术进步的速度和效率[8]。随着战争准备工作的推进，配以声音和英雄音乐的新闻短片也越来越宏大。然而值得注意的是，这种对美学的追求并没有被记录 1942 年以后德国战败的新闻短片所接受，也正是这种对历史和道德上的妥协[9]，在瓦格纳的反犹太民族主义、纳粹主义和艺术的强有力的融合之后，“总体艺术作品”的概念变得声名狼藉。

然而，由于使用了打破规范性界限的方式，并引入了一定程度的戏剧风格，20 世纪 60 年代和 70 年代的实验艺术引起了“总体艺术作品”这一概念的复兴。正如茱莉亚·克劳特所说，如激浪派（Fluxus）、偶发艺术（Happenings）、行动主义（Aktionismus）这些艺术趋势，这些表演流派必须与舞蹈、戏剧和音乐的发展相抗衡[10]。也就是说，概念、装置和表演艺术家的作品必须与约翰·凯奇和卡尔海因兹等作曲家的作品进行比较。从很多方面来说，克劳特认为“总体艺术作品”的概念在不受瓦格纳高尚的神话和民族主义包袱束缚的情况下，用21世纪的“媒体艺术”实现了与音乐、空间和声音的结合[11]。

随着该领域中数字技术的兴起，而被同时使用的其他词语包括“中间媒体”“中间性”“跨媒体”和更广为人知的“多媒体”，该术语不限于在艺术中使用。在19世纪初期，就有关于评估这样的艺术（和设计）方法的早期辩论。也就是说，无论是基于“多即是多”的概念，还是其他不同的艺术融合目的，艺术融合是一种加法，而不是减法，它除了创造比生命更伟大的东西之外，还有其他作用。控制“总体艺术作品”的规模确实是瓦格纳的一个目标，并在他自己的审美和风格（如果能够撇开其民族主义和反犹太主义）领域内进行评估，它产生了令人满意的效果。但是仍然存在的问题是美学的规模是否需要被“严格控制”，这一问题也当然应该引起当代时尚界的思考。

安迪·沃霍尔的形象就是一个答案。沃霍尔从未使用或关心过该术语，但毫无疑问，它是“总体艺术作品”中的主要代表，尤其是考虑到他的工作室、工厂，这可以被看作是一个流动的多面艺术品，就像安妮特·迈克尔逊断言的那样：

沃霍尔的力量在于修改了“总体艺术作品”的概念，并将其重新定义为制造的场所来替代之前的概念，并以嘉年华（一种大型的文化艺术活动）的形式进行重新塑造，从而使我们的时代产

> 生的文化之间产生了清晰的联系，无论它们是高雅或是低俗。在以嘉年华为表现体系的画面中，我们可以看到古老的工厂，在镜子大厅的虚拟空间中产生了不可思议的相遇和结盟，这也产生了十分高昂的费用。肢体语言和“数字”组成了超越1960~1968年沃霍尔的电影（*Warholian filmography*）的好莱坞系列模仿作品。[12]

迈克尔逊在1991年写到，他的一些观察结果在现在看来于时装装置有着预言性的意义，特别是将嘉年华作为一种方法来混淆高雅文化和低俗文化。的确，也有一种时尚电影类型很明显地（如拉格斐的几部）通过使用类似沃霍尔的策略（即“阵营”）来对好莱坞进行模仿。在沃霍尔的作品中，就像他的时尚装置作品及其伴随的“总体艺术作品”一样，并没有借助或暗示出“真实”的外部世界，而是呈现出极端抽象，且让人沉迷的新创造，在那里，堕落和过度是其系统内的装置，而不是一种病状。

开放式装置

亚历山大·麦昆（Alexander McQueen）

亚历山大·麦昆对主流文化和高雅文化的贡献已经广为人知，因为他的影响力已经远远超出了时尚产业，还扩展到电影、时尚电影和音乐视频领域。他对传统和新生的动态图像类型的影响，在很大程度上是由于他的T台秀的“包容性”，使用在20世纪90年代流行起来的描述视频装置词来说，那就是“沉浸式”，这也是他的T台秀的本质。从20世纪90年代初开始，从他1992年的毕业作品到20世纪90年代中期的作品，这些作品变得越来越复杂，这些作品取材于前卫电影、黑色电影和当代恐怖片，艺术史（尤其是超现实主义），音乐剧和杂技，以及流行的音乐风格，如摇滚和新浪漫主义等。观众成为了一场活动的一部分，在这场活动中，物质（生活中的实际服装）与幻想之间的界限几乎消失了。麦昆很快就成为了具有独特风格的设计师，并且他的时尚态度中，最引人注目的一个方面是：他能让人们无法辨别，时装秀和服装，到底哪个才是设计师设计灵感的源头。我们将在本章详细介绍，麦昆是为数不多为服装设计引入新的领域和思维方式的服装设计师之一。服装设计一直是电影、艺术、音乐和戏剧的同伴，然而麦昆的时装秀似乎总是与超高的想象力融合在一起，以至于让人觉得时装秀的历史一直在引领着这一趋势，似乎可以从过去的趋势中找到目的论，其顶峰出现在千禧年末期。

尤其是在 20 世纪 90 年代中期，麦昆的创作方式中一个独特而新颖的方面是将他的收藏视为一场展览。正如 1997 年起开始担任麦昆促销经理的珍妮所说，“这些想法对他很重要，衣服在某种程度上是他的风向标”。[13]

麦昆的制作框架从一个故事、一个概念和某种激发点开始，他以一种当代艺术家对待展览的方式，来处理他的系列作品。他会以作品的标题来涵盖主题的内容，或将其与主题内容联系起来，而其中单独的作品就会作为主题内容的具体例证。作品作为装置主体，其说服力是十分重要的，当所有的作品都能表达出标题所包含的意义时，观众会在某种程度上不知不觉地融入到作品中。尽管每个艺术品或服装可能都有自己的作用，但为了“整体”的更好利益，把他们结合到一起将会更好地发挥效果。

麦昆甚至在他为纪梵希工作的前期就将时尚推进到想象空间里。即便如此，在他职业生涯相对早期的阶段，苏珊娜·弗兰克尔说：“他的时装秀变得与艺术装置越来越有共同点，而不是为了迎合消费者的取向而发展”。麦昆将他的模特放一个高架有机玻璃T台上，这个T台上墨迹斑斑且飘散着金色的雨点（《无题》，1998年春夏系列）。《琼》（1998~1999年秋冬系列）的T台是爆炸出火焰的熔岩跑道。《忽略》（1999~2000年秋冬系列）被一场比真实状况更剧烈的暴风雪笼罩着，模特穿着溜冰鞋、华丽的提花织物和皮草大衣上台。[14]

同样，安德鲁·博尔顿反对麦昆在展览中提出的“装置和表演艺术”[15]。尽管麦昆是一位才华横溢的裁缝，但他绝不会让技术细节妨碍他开阔视野，这也反映了他的情感和政治心态。他认为自己的角色不只是一名简单的设计师，他每个系列的作品都包含某种形式的社会评论：“我在阐述自己的时代，我们生活的时代。我的作品是记录当今世界的社会文献”。[16]这种态度虽然谈不上独特，但却可以促进人们对时尚可以成为社会批判的有力载体的认识。毕竟，在个体与大众的想象中，时尚和着装从来都离得不太远。

麦昆第一次对电影有明显的致敬，来自他的春夏系列《饥饿》（*The Hunger*），该系列是带着黑暗和恐怖色彩的，可以看出这个系列参考了1983年由托尼·斯科特执导的恐怖电影《饥饿》。该影片由大卫·鲍伊、凯瑟琳·德伊芙和苏珊·萨兰登主演，迅速成为了新哥特式经典电影，讲述了两个吸血鬼——米里亚姆（德伊芙）和约翰（鲍伊）的故事。和普通吸血鬼题材不同的是，变成吸血鬼的约翰在两百年后开始衰老，虽然他仍然活着，但他将处于永恒的衰老状态。后来我们得知，米里亚姆的每一个前任都被保留在墓穴中，在沉睡中度过了永恒。对于对死亡十分敏感的麦昆来说，这是一个可以继续进行以死亡为主题的实验机会，织物上印有静脉纹，它的衣袖让人联想到紧身衣。在其中一个搭配作品中，他设计了蠕虫从塑料紧身衣中掉出的感觉。老年不死族的故事细节也为该时尚理念提供了有力的叙事支撑，旧的带有褶皱的衣物被重新穿用并保留下来，但却无法恢复成过去的样子，这种不可逆性只有在每次穿上这样的旧衣服时才显得突出。

随后是麦昆迈入“总体艺术作品”决定性的一步，也是对死亡主题的延续。对于1996/1997年秋冬“但丁”系列，他在教堂里举行了一场非同寻常的走秀。模特戴着带有十字架的面具昂首阔步地走着，穿着有黑色蕾丝的粗条纹漂白牛仔裤。刚开始，管风琴发出的高音被炮声打断。前排的看秀位置原本是为精英时尚媒体准备的，但在这场秀中，他们不得不小心翼翼地与骷髅们坐在一起。现在仍然很难想象观众的反应，尽管这一切都是为了引起观众茫然和不安的反应而精心策划的，意在把他们扔进但丁式地狱（Dantean hell）。麦昆作品中反复出现的主题是必须将美与它所排斥或相压制的东西一起被理解，即丑陋和死亡。其实在欣赏美的过程中，我们很容易就被它那令人惧怕的无常性所吸引。

1997年春夏“拉波普”系列直接引用了德国超现实主义艺术家汉斯·贝默的作品和出版过的著作。人们普遍认为，推动限量版书籍《死亡人偶》（*Die Puppe*，1934）中令人不安的形象的是希特勒和纳粹主义者的胜利，以及他们在1933年掌权[17]。尽管贝默是一位非常有造诣的绘图员，但他最出名的还是他那令人毛骨悚然的脱节玩偶造型，它最初只是一个纸浆雕塑，后来被用于在室内和森林中拍摄。这些玩偶的关节是球形的，然后以不合常规的方式将其拉开并重新组装，十分残忍：头部和肢体都不在正确的位置，有时一个方向的腿和相反方向的腿排放成平行的状态。这些玩偶以一种扭曲和四仰八叉的形态被摆放着。这毫无疑问会容易被指控为“厌女症”，对贝默而言，这些青春期的“女孩”陷入了严重的畸形状态，是最极端侵犯行为的象征，因此它们预示着未来十年及以后的暴行。他 1995/1996 年的秋冬系列被称为《高地强暴》(*Highland Rape*)，麦昆对贝默项目有着很大的兴趣，因为它们向我们展示了一个粗糙和虚伪的世界，这个世界已经丧失希望，它的美丽也已经消逝。

麦昆用时尚的手段将其表达了出来，将其转化为时尚，强调身体由离散部分组合而成，可以人为地将其移除或复原。麦昆很少，或者说从来没有倾向于将身体当作一种自主悬挂衣服的主体。相反地，他根据体型的轮廓，拓宽了臀部和肩膀的部分，创造了合适体型的服装。为了风格化以及阻碍模特的自由活动，这条长约 30 米的狭长 T 台被水覆盖着。更具争议性的一个转变是一件“扭曲的珠宝”，它由两根金属条组成，一根跨过肘部，另一根跨过膝盖，它使模特的动作变得生硬，像一个机械化的木偶[18]。对于麦昆而言，身体是一个表面，在该表面中，真实的身体与假体之间的界限或多或少都是被否定、无关紧要的。

麦昆将在 T 台秀《No.13》(2000 年春夏系列）中重新阐释人体与力学以及假肢美学的主题，此系列中的图像之所以流传至今，是因为它将形象再现得非常生动。模特被安置在转盘上，就像音乐盒里的芭蕾舞演员。她们的裙子是用轻木制成的，上面缀有大量的水晶。表演中一个值得纪念的部分是残奥会运动员艾米·穆林斯在开幕式上的亮相，她一岁的时候因为腓骨缺失（腓骨偏瘫）而截肢了小腿，在这场表演中穿着皮制紧身衣和一条轻薄的褶边蕾丝裙，并戴上了两条雕刻的假肢，这对假肢并不是她最出名的用于短跑的腿，而是一副靴子形状的彩色木雕腿，上面饰有浅浮雕般新艺术风格的花卉卷须[19]。鞋跟呈锥形，像 19 世纪末的靴子一样呈八字形张开。表演的巅峰时刻是模特沙洛姆·哈洛穿着一件大裙摆的白色连衣裙，并把一条皮带固定在胸的上方。然后，用两台机器在她的两侧将其喷涂成黑色和黄色，而这台机器的常规功能是为汽车涂漆。

麦昆最著名也最昂贵的走秀作品《沃斯》(*Voss*)(后称〈阿卡姆合集〉，2001年春夏系列)，价值七万英镑[这个标题本身也表明了展览与其藏品的奇特之处：Voss是挪威西南部的一个地区，是德国的一个姓氏，也是澳大利亚诺贝尔奖获得者帕特里克·怀特(Patrick White)小说的标题，但麦昆的作品似乎与这些都不相关]。他花了一周时间建造了一个中心装饰品放在走道或舞台上，是一个巨大的玻璃盒子。在所有被邀请者都找到座位后，这个镜面玻璃展现了史无前例的表演，其间它只照射出观众的那一面，给他们造成了一些不适和轻度惊愕(人们现在普遍认为，这个开场表演反映了麦昆对时尚界虚荣心和自我陶醉的思考)。这场时装秀的第一个阶段在许多方面结合了我们构建的"开放"与"封闭"环境的拓扑结构来展示作品，这段表演被大部分人解读为麦昆对时尚界本身以及其所带来过度虚荣心的一种评论。在这场秀中，设计师将观众置于他们所向往的空间。当观众对此开始感到不安时，那个玻璃盒子就会自动亮起来，展现出透过单向镜只能看到自己动作的模特。其中一个模特的肩膀上装饰了一小群正在捕食的猛禽(鸢和猎鹰)(见图16)。对于麦昆偏爱于在他的服装和时装秀中展示动物元素，对此斯蒂芬·西利指出：

> 麦昆的作品通过将动物和其他自然特征融入到他的服装中，创造了一个新的领域。根据德勒兹和瓜塔里的说法，麦昆的作品变得总是涉及一个"第三项"，一个"另外的东西"，这让一个单体在不易察觉的转化过程中，变成了两个相互需要的实体之间的连接[20]。

图 16　2000 年 9 月 26 日，一名模特在时装周上展示亚历山大 · 麦昆的春夏时装系列

换句话说，动物元素在服装中的使用，通过指向存在于“正常的”“自然的”身体之外的空间而催生了新的可能性，其中包括常规的身体与服装之间的关系，生成了一个修辞表演空间。

如果开场秀没有令人感到不安，那其中最神秘的部分是嵌入在盒中的另一个玻璃盒。里面有一个坐在大型贵妃椅上戴着土星面具的模特，她看起来像是正在从一根粗导管中吸着血，这让人想起一个罗马狂欢的参与者，但其后来演变成了某种神秘的受虐狂一般的东西。然后盒子中的玻璃墙掉了下来，玻璃在整个地板上破碎了。用埃文斯的话来形容：

> 恋物癖作家米歇尔·奥莉，她躺在用大牛角制成的蕾丝沙发上。根据乔尔·彼得·威特金拍摄的照片《疗养院》(*Sanitarium*)，一位中年女人通过呼吸管连接到毛绒玩具的猴子上，奥莉缠着绷带的头上盖着一个幽灵般灰色的猪面具，以及一个明显从她嘴里伸出的呼吸管，而她的身体上覆盖着又大又脆弱的飞蛾。有一些附在她身上，有一些则在盒子里挣脱出来。在这场时装秀的T台上，麦昆的设计风格在美丽和恐怖之间摇摆，颠覆了传统美丽的观念。[21]

这场秀作为一种反叛的概念，也是在传统服装和时尚中缺少的主要元素。这个裸体形象是过度和不足的矛盾结合。“时尚”在哪里？它存在于空气中、手势中以及图像不可磨灭的印记在拥有持有记忆的人们脑海中。在这方面，麦昆已将时尚提炼为基本要素，成为感知和欲望的所有无形要素。

Voss 令人难忘的怪诞风格给随后的系列作品《旋转木马》(2001/2002年秋冬系列)蒙上了一层阴影，尽管它既原始、引人注目又看似险恶。就像“但丁”系列在教堂里展出一样，这个系列是在维多利亚玩具店前的一个旋转木马场上推出的，但光线昏暗，以适合运用令人毛骨悚然的奇特角色。马戏团的巡回演出剥夺了人们的娱乐性，并扩大了玩偶的怪异尺寸。化妆师瓦尔·加兰也参与了许多麦昆系列作

品——将模特描绘成悲伤的小丑，将欢乐的气氛渲染成遥远的阴影。再加上他们暴力的圆锥形发型，他们变得鬼鬼祟祟，像吸血鬼一样。用埃文斯的话来说，他们给人的印象是“悲伤和疏远”。[22]

麦昆在《忽略》（1999/2000 年秋冬系列）中运用了类似的叙事手法和美学概念，观众坐在一幅阴暗的白色冬日艺术景观的边缘。模特被冷冷的蓝光所照射，在小堆的假雪和树木周围滑行。这些场景都直接表现了童年纯真的丧失，《忽略》暗示了纳尼亚（Narnia）的冰雪女王，而过去的童年玩耍场所《旋转木马》由于困扰和悲伤而退化。麦昆不再作为嫉妒的象征或美丽的代表，而是使用掠夺者和幻影的形象为原型。向“但丁”系列致敬时，一个模特从她身后拖出一个闪闪发光的黄铜骨架。在告别仪式上，另一位模特割断了一堆气球，让它们飞走了。

就像 *Voss* 是对时尚界的思考一样，《旋转木马》把时尚描绘的像疯人院和马戏团一般，像是一个闹鬼的遗迹和梦想被摧毁的地方。这时也不要忘记，时装秀上有大量的记者和追随者，他们经常被称为“时尚马戏团”。这个词语抓住了事件疯狂、强大的戏剧性特征，以及它的过度、轻浮和昙花一现。马戏团是人体模特和玩偶的故乡，就像玩偶一样，马戏团也具有双重性，它的阴暗面预示着迷失或是失去方向。在时装秀上，模特们可以像钢管舞者一样在杆子上舞动，但是某些元素给穿着不那么正式的服装的人带来了怪诞的气氛。服装、动作、音乐和布景的阴郁的带有攻击性的感觉都传达了一个微妙的信息，那就是模特在那里饱受折磨，他们出现是为了隐藏一些更黑暗的秘密。

《旋转木马》提供了一些对所谓的“时尚空间”的深刻见解，特别是国际舞台上的高级时尚。一方面，观众可能会惊叹于对这个项目的掌控力，它的优雅和大胆再次带回了一种感觉，即“现实生活”只不过是想象中的别处事物的次要复制品；另一方面，玩偶传递给我们一种感觉，它们注定要按照主人的计划行事，它们作为无生命密码来控制蓝图或脚本，因为它们只会为他人行事，为他人着想。如此，“时尚空间”就存在于这两种状态之间，即非生活和虚构的两个状态和极点之间。正如麦昆十分紧迫并一直表达的那样，时尚是一种死亡不可逾越的境界的结果。

不仅麦昆迷上了壮观而虚幻的时装秀，将观众吸引到了梦幻世界中，约翰·加利亚诺也展出了与麦昆类似主题的系列作品。尽管加利亚诺和麦昆是同一时代的人，但英国流行文化在不同方面影响了他们的设计美学。对于加利亚诺而言，这是朋克音乐，是 20 世纪 80 年代的新浪漫主义音乐，有着像亚当·安特（Adam Ant）的风格，或是一种狂妄自大的海盗传统。

对于稍晚来到伦敦时尚界的麦昆来说，乔尔·彼得·威特金和汉斯·贝尔默的摄影作品给他带来了很大影响（影响了 *Voss* 和 *La Poupee*），他还经常会影射到一些文学作品（如《但丁》《莫罗博士岛》）。此外，麦昆还会受到电影的影响，如阿尔弗雷德·希区柯克的《鸟》系列。话虽如此，加利亚诺和麦昆有许多相似之处，他们都曾是工人阶级，且在开始从事时尚设计这一职业之前，都在剧院工作过。制造壮观的场面、夸张的表演、声音和灯光的戏剧性传统衍化成了“总体艺术作品”（total work of art），或称为“Gesamtkunstwerk（德语）”。这在包含人物、地点和可识别的主题的走秀作品中也得到了证明。迈克尔·斯佩克特（Michael Specter）写道：“加利亚诺对时尚的思考也表明了史蒂芬·斯皮尔伯格对电影的思考方式。他坚定地运用壮观的场面、复杂的场面和设置悬念”。[23] 麦昆也是如此，他喜欢通过主题表演来获得震惊和激发争议。也可以说，加利亚诺和麦昆是历史修正主义者，他们从历史编年史中（就像维维安·韦斯特伍德那样），寻找与他们的时装秀相适合的主题。将各种时代、地点、文化的引用拼凑在一起，为加利亚诺创造了令人敬畏和美丽的令人向往之地，或者说在麦昆的案例中产生了震惊和恐惧的感觉。

无论他们的意图是带来震撼、娱乐还是说仅仅为了更好地售卖衣服，剧院、时尚、艺术和表演的结合也被金杰·格雷格·达根（Ginger Gregg Duggan）称为“跨媒体奇观”，它成功地制造了无与伦比的景象。[24] 凯洛琳·埃文斯（Caroline Evans）写道：“20 世纪 90 年代，时尚历史主义（即过去到现在的浪漫重新融合）主要来自欧洲，尤其是英国的设计师。然而，这些令人不安的历史问题不是时尚界通常所指的离奇有趣，如诗如画的历史版本，而是对过去更黑暗、更令人绝望的重演”。[25]

侯赛因·卡拉扬（Hussein Chalayan）

在 2001 年麦昆的时装秀之前，侯赛因·卡拉扬为了展示他的 2000/2001 年秋冬系列，推出了一场可谓创造性的改变。四个模特走进简朴的白色装饰的室内，让人联想到现代主义荒诞派戏剧。房间舞台全是白色的，只有四把椅子、一张圆形低矮的咖啡桌和一台类似于电视的东西。房间是菱形的，墙壁是呈一定角度而不平行于地板的，有两扇门半开着。白色的薄纱后面是四个人，进行着 Bulgarka Junior 四重奏，演唱着一首不和谐的民谣。随后，四名模特走进房间，她们穿着浅灰色的连衣裙，头发被塑造成黑色的布兰库斯式雕塑的形状。她们把灰色的椅套取了下来，将布料倒置，发现露出来的原来是衣服，便将其穿上了。

重新换好衣服之后，他们排成一列面向观众，其中有两名男子像舞台的工作人员一样，在表演过程中将布景改变为典型的形式主义后布莱奇式剧院，将椅子重新配置成手提箱，放在每个模特的左侧，像玩偶一样站着不动。然后第五个模特出现了，她走到咖啡桌前拿出一个小圆盘。然后，又拿起了一件圆形的、"之"字形的连衣裙，并把它系在腰上。然后她加入了其他四个模特，而音乐四重奏以紧张的尖叫结束。[26]

这种装置表演的经济性和简洁性让人不禁要问，它的意义是推广一套衣服，还是其他的东西？当然，围绕着数件衣服（五个模特都穿着很少有人会穿的衣服）的限制就指出了这一点。与传统的走秀不同，卡拉扬让我们从动词的意义上来思考走进服装之路，而不是在名词的意义上来考虑这点。他还提醒人们注意身体和物体之间的关系，以及它们可以同时存在和共同改变的方式。即使服装表现出明显的巧妙性，卡拉扬仍以最佳概念时尚设计的方式为我们提供了想法。20 世纪中叶的形式主义现代主义戏剧在这里是如此强大，却与同时期的另一种建筑方法相冲突。在这里，汉尼斯・迈耶、马塞尔・布鲁尔和勒・柯布西耶等建筑师采用了一种模块化的建筑设计方法，各个部分相加被设计的与总和相等，因此每个建筑单元或通道就像是一个聚合结构的缩影。同样，卡拉扬强调将重新配置、变性、重新折叠、改造作为服装意义的一部分，或者更好地体现其生命。音乐是对时装秀棱角性和结构性的一种美学衬托，是一种将其带回到混乱生活的一种方式。

约翰・加利亚诺（John Galliano）

加利亚诺的模特经常鼓励观众参与他的时装秀：如他的 1997/1998

年秋冬系列，音乐家和表演者与观众互动成为了时装秀制作的一部分。主题很简单：很多女学生的梦想是成为电影明星并扮演埃及艳后的角色。加利亚诺用错综复杂的文身和完全由安全别针制成的连衣裙表现出古埃及风格、朋克风格和20世纪30年代流行趋势的相似之处，加利亚诺制作了一场被*Vogue*杂志描述为“好莱坞眼中的古埃及恶搞”的展览。其外观就像“埃及艳后遇见希德和南希”。[27] 次年，加利亚诺制作了一场走秀节目，将东方主题作为诱惑和色情的想象场所。标题为“The Diorient Express”，展览以一辆19世纪的蒸汽火车抵达奥斯特利茨火车站开始。模特身着华丽的服装，袖子飘扬，戴着五颜六色的头饰登上了一个堆满路易威登（Louis Vuitton）旅行箱的平台。模特懒洋洋地走在观众中间，他们被棕榈树所遮蔽，坐在柏柏尔露天市场下，偶尔停下来在一篮子枣和橘子中间摆姿势，这场展览混合了从欧洲文艺复兴到美国西部的历史，被描述为“波卡洪塔斯和亨利八世之间的碰撞”。“哇！停下！我们在哪？”[28] 苏西·曼奇斯（Suzy Menkes）在《纽约时报》上写道：“在17世纪的某个地方，还有另一个不太可能的时尚女主人公宝嘉（Pocahontas）公主，她嫁给了一个英国人，并脱去了花边领、霍尔拜因帽和文艺复兴时期礼服的绣花长袍。”[29] 实物的收集，包括柏柏尔露天市场、沙滩、棕榈树和蒸汽火车，它们从时间背景中消失，使人们对物质对象、地点和时间之间的关系产生了错觉。

奥斯卡·王尔德（Oscar Wilde）曾说过：“整个日本都是纯粹的发明，其实不存在这样的国家，也没有这样的人。”[30]“东方列车（The Diorient Express）”可以被看作是创造这些的一种工具，通过聚集标志、露天市场、棕榈树、头巾来创造出一个想象中的东方，以及伴随着想象中的品位制造者。该剧的背景并不是随意的或必然的，而是存在于西方传统的复杂历史和意识形态背景中，其中包括代表“东方他者（Oriental Other）”本身的历史。西方和东方之间的复杂关系是一种权力关系，偏重于前者。这种权力与东方知识的建构密切相关，这使东方的管理变得容易。“知识赋予权力，更多的权力需要更多的知识，依此类推，信息和控制的辩证法越来越有用。”[31] 这种对东方的认识将图像融入到西方的表现系统中，在某种意义上创造了东方和东方世界。东方人被描绘成一种判断（如在法庭上），一种研究和描绘（如在课程中），一个人的纪律（如在学校或监狱里），一些说明（如在动物学手册中）。关键是，在每种情况下，东方人都是由主导框架所包含和代表的[32]。

密封或封闭装置

艾里斯·范·赫彭（Iris Van Herpen）：仿生技术

正如本书的导论部分所提到的，密封或封闭的装置是那些将观众运送到另一个地方，以不自然、难以置信的形式展示形体。2017 年，荷兰设计师艾里斯·范·赫彭在巴黎秋冬高级定制时装秀上展示了她的“Aeriform”系列。该系列是二进制（水和空气、内部和外部、明暗）之间的对比，并且颜色基本上是单色的，从纯白到灰色阴影不等。水流动的幻觉反映在服装的结构中，其中包含半透明的层次感和带有波纹图案的织物。这 18 件服装包含探索身体和周围环境的生物形态元素，并受到丹麦水下艺术家 Between Music 的启发。音乐家、科学家和深海潜水员合作，开发出海洋声音，然后在水下用特制的乐器演奏。范·赫彭说：“他们流畅的声音和 Between Music 的亚音速黑暗使我不知所措”。她让音乐家在 T 台上表演，作为她演出的一部分。“他们的工作超越并改变了我们身体和自然之间的传统和自然关系。”

走秀被安排在冬季马戏团（Cirque d'Hiver）较低深度的位置，以捕捉黑暗和深海的回声。舞台上安装了五个大型水箱，每个水箱都有一名沉没在水下的音乐家，他们在用迷你麦克风唱歌或弹奏乐器。其中两位音乐家穿着范·赫彭（Van Herpen）设计的服装，随着绿色、浑浊的水的涟漪而移动。从概念上讲，该装置与麦昆的 *Voss*（2001 年春夏系列）有着惊人的相似之处，它的大型玻璃容器构成了展览的中心（见图 17）。

图 17　2017/2018 年巴黎秋季时装周上 范·赫彭在 T 台上走秀

Voss 中的恋物癖作家米歇尔·奥莉被赤身裸体地安排在一个大的箱子里，身上沾满了飞蛾。《无形》（*Aeriform*）中的音乐家们就像希腊神话中被困在水房间里的水仙子。在 2007 年创办自己的品牌之前，范·赫彭曾在阿纳姆的阿特兹艺术学院完成时装设计专业的学习。因此，范·赫彭在麦昆的工作室实习也绝非偶然。范·赫彭和麦昆之间的相似之处并不仅限于此，而是更进一步，因为这两位设计师在推动

时尚方面的能力也十分相似。范·赫彭尝试性地使用三维技术，麦昆在创造未来时尚方面很有天赋。与设计师合作的女继承人达芙妮吉尼斯将范·赫彭和麦昆进行了比较，说道："范·赫彭拥有同样的想象力和对细节的关注，并将其完成得很好。而麦昆的头脑非常聪明，她的创作过程有一些独特，她是个修道士，毫不松懈。"[33]"水晶水礼服"是范·赫彭、吉尼斯和SHOWstudio里尼克·奈特的合作项目。总之，奈特用高速摄影机捕捉冲向吉尼斯的水，然后范·赫彭用这个意象设计了一件类似流水的服装。

水和液体是贯穿范·赫彭大部分装置作品的材料和主题。就像液体一样，除非你把它装在某种容器里，否则你无法抓住它，"着装将成为非物质的东西，是可见的，但不是有形或不可触及的"。[34]

让我们回到2014年，范·赫彭的秋冬系列成衣《生物剽窃》(*Biopiracy*)，其中的模特被密封着悬挂在时装秀舞台上方的透明的塑料真空袋中。该展览在巴黎的时尚设计之城的莱斯码头上展出，是一种对人类基因组计划和通过基因专利窃取人体的评论。这个装置让人想起了科幻电影《黑客帝国》(*Wachowski*，1999)，该电影描绘了一个反乌托邦式的未来，现实是一台利用人体作为能源的模拟机器。人类被装在吊舱里，并被锁定在一个梦境中，这是一个被称为"矩阵"的神经互动虚拟现实，让他们相信他们是活着的并且生活在地球上。与此同时，通过连接到能源塔的一系列插头和电线，他们的生命源受到了破坏。就像在《黑客帝国》中一样，范·赫彭的模特处于深度睡眠状态躺在一个封闭的环境中，通过一根软管连接来释放它们的生命力（见图18）。《无形》和《生物剽窃》这两个作品成为封闭或密封装置的典范，是因为它们将观众置于黑暗的环境中，让他们感受到自己的身体几乎被幽闭地浸没在液体中。总而言之，身体不能存在于密封的环境中，既不能存在于水箱中，也不能存在于模拟胚囊的真空密封袋中。范·赫彭的有趣之处不仅在于她的设计实践中融入了三维技术实验，她的装置还结合了生物仿生的主题，在她的作品中，大自然被新材料和机器所强行控制。

图 18　范·赫彭的模特在 2014/2015 年秋冬系列时装周秀上的作品

另类现实和新技术

20 世纪 90 年代后期以来，新技术和社交媒体的兴起使更多的观众参与了时装表演和活动。1995 年，沃尔特·范·贝伦登克用计算机生成的图像将时装秀转化为虚拟体验，十年后，超模凯特·莫斯以全息图的形式出现，为亚历山大·麦昆的时装秀揭开了序幕。2009 年，维果罗夫没有继续使用传统的走秀方式，而是只用了一个模特在线上展示了他们的春夏系列。设计师和时装公司，如迈克高仕（Michael Kors）、巴宝莉、艾萨克·麦兹拉西（Isaac Mizrahi）很快也纷纷效仿，更偏向于在网上展示他们的系列。随后是2010年亚历山大·麦昆的春夏成衣系列《普拉托的亚特兰蒂斯》，它改变了时尚的呈现方式，使之前的旧时尚一去不复返。莎拉·莫尔在尼克·奈特的SHOWstudio网站上进行了现场直播，“在周二晚上全球时装秀的时装表演中，它突破了一个全新的领域”。[35] 传统的时尚是关于表现力、存在感、物质性和实时性的，但是现在它已经被转移到了一种电影般的梦想空间中。

新技术使设计师能够接触到更大的受众群体和市场以推动销售。在当今的数字环境中，科技正在影响整个时尚产业。从现场直播和在社交媒体上分享的节目，到现在24%的时装销售都在网上进行。[36] 时尚品牌作为一种直接的消费者方式，正在将他们的时装秀变成更高层次的体验和展示。社交媒体已经实现了即时走秀，使即使活动期间不在场的观众也能够参与其中。2016年9月，总部位于加利福尼亚的虚拟现实公司Voke与纽约时装周（NYFW）的技术赞助商英特尔合作，拍摄了现场立体虚拟现实广播，使观众完全沉浸在T台的数字景观中。观众可以通过佩戴Voke的GearVR耳机和在手机上下载三星的Gear VR应用程序来获得这种体验。这款沉浸式的2D产品是作为视频点播内容，提供给那些无法在现场观看节目的观众。在2017年纽约时装周中，一些设计师使用了沉浸式虚拟现实技术，包括洛杉矶男装品牌“局外人乐队”和纽约的尼泊尔裔美国设计师巴拉·吉隆。与此同时，丽贝卡·明科夫（Rebecca Minkoff）通过使用购物应用程序Zeekit（虚拟试衣系统）开始使用增强现实手段，该软件允许观众上传他们穿着明科夫系列藏品的照片。作为2017年马丁·贾尔加德（Martin Jaarlgard）伦敦时装周春夏时装秀中的一部分，观众戴着Hololens耳机以全息图的形式观看了这一系列，从各个角度探索服装中的奥秘。

时装周旨在扩大受众范围以产生销量，因此它越来越注重如何吸引大众的目光。例如，在2016年纽约时装周期间，汤米·希尔费格举办了为期两天的时尚主题嘉年华，包括食品摊、快闪商店、游戏、娱乐设施、沙龙、文身馆和一个40英尺长的摩天轮，以发布该品牌与巴勒斯坦裔美国超模吉吉·哈迪德合作推出的以航海为主题的Tommy X Gigi胶囊系列（见图19）。“Tommy码头”设在南街海港的16号码头，是希尔费格的最新业务，它也是希尔费格在所谓的“面向消费者的T台秀”中的最新尝试，它是一种直接面向消费者的模式，将时装秀与零售的服装同步降价。

图19　2016年9月9日，纽约时装周期间，模特吉吉·哈迪德和设计师汤米·希尔费格在TOMMYNOW女装秀上走秀

希尔费格俱乐部向其客户分发了2000份嘉年华开幕式的邀请函，嘉年华会持续开放三天以供人们来参加。这场时装秀（嘉年华）在该品牌的网站 Tommy.com 上进行了现场直播，可以通过“即看即买”的商业模式来购买服装，这种模式现在已经取代了传统的时尚模式，记者和编辑可以通过印刷媒体来决定流行风格和趋势。“即看即买”能让观众观看完时装秀后立即购买自己喜欢的服装。这与传统的时装系统不同，传统的时装系统是在时装秀结束后 6 个月才开始给商场提供服装和系列销售服务。

在过去的几年里，行为艺术和科技在时尚的展示中变得密不可分，而时尚也变得更为复杂。时尚不再仅仅是服装的展示，时装秀的概念也变得更加复杂，变成为了系列作品的核心。时装品牌正在与多媒体装置艺术家合作以创造超现实的环境，包括现场艺术倾向，如时装秀和事件本身。例如，里尔多·提西为纪梵希举办的 2016 年春夏时装秀。作为纽约时装周的一部分，提西与行为艺术家玛丽娜·阿布拉莫维奇合作，创造了一个超现实的背景，融合了各种各样的事物。塞尔维亚民族歌手、大提琴家、小提琴家、梯子、骆驼、僧侣和大钢琴遍布整个空间。像希尔费格在河边的场景一样，提西选择特里贝卡的 26 号码头作为展览的地点，这样可以从各个角度一览自由塔的全景。该展览在 9 月的 911 恐怖袭击周年纪念日前夕举行，目的是作为对人类损失的调停，并向纽约市人民致敬，同时也庆祝纪梵希·麦迪逊大道（Givenchy Madison Avenue）新旗舰店的开业。从黄昏开始，演出以一名诵经的僧侣开始，身穿白色衬衫和黑色裤子的行为艺术家们手牵手悬浮在地平线高度的平台上，而阿布拉沃米克则悬浮在观众面前的水池的出水口下。后来，当模特们在观众中间沿着码头游行时，阿布拉沃米克将她的头浸在出水口下，作为一种和平的姿态和清洁的象征。88 个造型表演的时装秀的开场序幕响起了锣声，其中包括男装和提西之前的纪梵希高级定制系列的一系列服装。这场多感官表演呼吁在新的开始中放慢脚步、懂得宽恕、拥有希望和爱。除了多平台表演之外，这场时装秀之所以可以成为多感官的活动，是因为它使用了三维虚拟现实技术来记录这场秀。该影片由多媒体艺术家马可·布拉姆比拉（Marco Brambilla）执导，使用虚拟摄像机捕捉时装秀的所有角度和顺序，使观众可以通过计算机在三维虚拟现实中体验这一事件。布拉姆比拉说："我知道我想让这个表演永垂不朽，创造一种时间胶囊，把你放在这个不可思议的宇宙的中心，尽可能多地占据有利位置。"[37] 换句话说，时装秀是一个有观众参与的，在开放空间中举行的开放式活动，也可以是电影或封闭走秀活动，因为它保持了电影效果，并利用触摸和嗅觉将观众吸引到不同的世界，从而将视图带入到一个虚构而诱人的世界里。布拉姆比拉说："这是关于沉浸感和体验存在感的展览，尽管你意识到自己并没有身临其境，但也能感到不可思议——它把你带到了那个时刻，那个地方。"[38]

封闭式时装秀是指观众感觉他们在凝视一个不同的世界。首先是更具戏剧性的电影，比如加雷斯·普格（Gareth Pugh）的沉浸式装置电影，由露丝·霍本（Ruth Hogben）执导，在意大利佛罗伦萨男装展（Uomo Pitti Imaginaire）放映（2011），作为他宗教肖像的收藏的一部分。这部电影在一座 11 世纪意大利大教堂的圆顶天花板上放映，让观众沉浸在神话世界中。闭幕秀还保持了电影效果，利用嗅觉和触觉等感官将观众带入到不同的世界中，也将他们的视野放入一个虚构而诱人的环境里。其次拉尔夫·劳伦沉浸式四维体验是将绿幕等电影技术和时尚融合的一个典型案例。为了展示该品牌的历史轨迹，拉尔夫·劳伦使用电影特效和四维数字技术，将一部电影投射到麦迪逊大道上的纽约女装店的正面。利用银幕效果，这部电影创造了一种折叠建筑的错觉，该建筑物可以被打开或是折叠起来，然后变化为一系列物体，包括向参与的观众喷洒香水的香水瓶。最后，在上海开设旗舰店时，巴宝莉向上海运送了一列蒸汽火车，并在建筑物外部投射了互动式电影，彰显了巴宝莉的传承与创新理念。

封闭式时装秀在很大程度上依赖于计算机的图像和技术，来让观众沉浸在虚拟空间中，以便他们积极参与虚拟环境或数字全息走秀。卡拉米娜在其《图像：时尚景观——理解媒体技术及其对当代时尚图像的影响的注意事项》中写道：

> 曾经的时尚摄影、二维印刷媒体依靠图像通过构建欲望叙事来诱使观众购买服装，而数字媒体则通过唤起视觉和嗅觉愉悦来使观众沉浸在奢侈品牌的理想世界中。[39]

身体空间和装置空间之间的分裂停止了，因为活着的身体与空间成为一体，唤起了整体性的概念，即“总体艺术作品”。例如，加雷斯普格为纽约时装周举办的2015年春夏时装秀展示了三部短片：《巨石》《混沌》和《入世》，以及一个专门展示普格的藏品的图像画廊。[40]“沉浸式现场体验”包括八个大型LED屏幕，艺术家丹尼尔·韦特泽尔（Daniel Wertzel）创作的现场冒烟龙卷风以及韦恩·麦格雷戈精心安排的舞蹈表演。对于普格来说，这个装置“不仅将观众与服装系列本身联系起来，还将观众与服装创作的情感联系了起来”。[41]为了发布他的2015年春夏成衣Polo女装系列，拉尔夫·劳伦创造了一个四维全息时装秀，庆祝他在纽约新Polo旗舰店的开业。收藏品的全息图像作为背景，被投影到中央公园一个60英尺高的喷泉上，给人一种模特朝向观众，飘浮在空中的错觉。该品牌的标志性香气Pony被喷洒到空中，产生了四维效果。在节目结束时，拉尔夫·劳伦的影像作为一种投射在曼哈顿天际线上方盘旋。拉尔夫·劳伦不是第一个使用全息摄影装置的时尚品牌。2007年，迪西尔开发了“L”形和“V”形的走秀，使观众可以体验水下世界，模特也伴随着海洋生物和机器在太空中飞行的全息图像在T台上昂首阔步地走着。这款18分钟的装置基于迪西尔的2008年春夏系列的“液体空间（Liquid Space）”概念，并且是为推出该品牌的第一款香水而开发的。封闭的电影空间也属于时尚电影中的场景，在这些场景中，身体充当了世界之间的闯入者。动态图像或时尚电影能使设计师和时尚品牌创造一种身临其境的美感来概括他们的身份或系列的概念。这种风格受到高田贤三、香奈儿和古驰等品牌的青睐，这些品牌通过媒介来探索其品牌的服饰传统。此外，还有像埃克豪斯拉塔等品牌，也用实验的方式把视频片段和自然纪录片剪切在一起。

时尚电影

在一些关于建立SHOWstudio的评论中，尼克·奈特表达了他不再愿意使用静态图像来展示时尚，因为静态图像经常用于展现生活中的旧衣服：

> 在我看来，静态图并不是展现时尚的最佳方式，因为设计师制作的衣服可以在动态中被更好地展现出来。互联网很明显是一种新的媒介，可以来做新的事情。SHOWstudio既是一种展示图像制作过程的方式，也是一种促进时尚电影的工具，这是我一直想要的。[42]

奈特不仅坚持认为电影是未来时尚的代表，而且还认为时尚摄影已经成为过去。他说道："摄影必须安静地沉淀下来，成为当下的手工艺品。"[43] 尽管奈特坚持认为电影对时尚的流动性忠贞不渝，但它不应该让我们分心于其他问题。事实上，虽然动态图像提供了一种生活状态中的服饰，但它将服饰置于一种幻想中的状态，是在无数的数字效果的映衬，或是在超现实、月球或幻想的背景下出现的。在服装运动和图像运动改革之后，他不再使用实体来展示时尚。

普格在其 2018 年春夏系列中没有使用时装秀作为媒介，而是用电影作为替代。[44] 他认为，电影的吸引力在于能够创造一个身临其境的世界，在那里人们可能会迷失自我。通过将视觉和声音相结合，创造出令人难以置信的强大而真实的体验，电影空间可以绕过创作过程并占据人们的思想。电影院的封闭空间能够将观众带离他们自己的舒适区，把他们运送到一个陌生的地方，使他们更容易接受新的思想和观念。这是通过"让观众接触到超出正常体验的景象、声音和感觉，使这些感觉变得更明显、更清晰"来实现的，[45] 就像普格的电影 *SS18* 那样，观众会感到更加惊悚和怪诞，在电影院这种封闭的空间里放映时，怪诞的画面会给观众带来窒息和焦虑的感觉。该影片是伦敦时装周的一部分，在英国电影学院的 IMAX 剧院（欧洲最大的电影院，其屏幕大小为四辆双层巴士的大小）中放映，这部影片是尼克·奈特、行为艺术家奥莉维尔·德·萨加赞、编舞韦恩·麦格雷戈和艺术总监古英吉合作的项目。

正如米哈伊尔·巴赫金所描述的那样，怪诞是一种堕落的状态，其中包括了对其的夸大和美化。它总是倾向于展示身体突出或是可以进入的部位，如肛门等。在普格的电影中，一个场景中出现了一个分娩过程中的巨大的阴道。与主流文化中"自然的或古典的身体"不同，这种身体被认为太"纯粹"了，完全被它的边界所限制，完美而完整。

而怪诞的身体是一个颠倒的身体，是开放、无边和不完整的。“自然”的身体是由文明过程控制的，而怪诞的身体（或“非自然的”身体）是一个受其主要需求而支配的身体：比如会有进食、打嗝和分娩等行为。普格和奈特的电影始于萨加赞站在似乎是一个装满各种食物的祭祀台前的吟诵，我们可以看到他们面对面坐在桌子前，桌子上放着一块黏土和黑红色的颜料。他们开始用泥土和颜料一点点地涂抹着自己的脸，弄得自己看起来不像人类的样子，还把脑袋塑造成“不自然”的生物。这似乎是一种隐喻性的跨越，比喻越过了进入自然世界的恶魔生存的黑暗领域。“加雷斯像我一样能使身体变形，但他需要借助工具，一些有科学作用的元素。”萨加赞谈到生存时说：“我们来回答同样的问题——只是我们需要的工具有所不同。”[46] 傀儡、吸血鬼和其他黑暗生物，在分娩的过程中扭曲和扭动自己的身体。后来，萨加赞站在一个普格形象的黏土人面前，俯卧在桌子上，Pugh 鼓起来的肚子看上去像是怀孕了。萨加赞俯身在普格上，撕开他的腹部拿出一种“粗鄙的生物”，这种生物是因腐烂而生的。[47] 世界被颠倒了，黏土人生出了非自然的生物，而亵渎神明成了一种指示。

这部简短实验短片的灵感来自西班牙诗人洛尔迦（Federico García Lorca）关于 *Duende*① 高度情感状态下的艺术概念，即西班牙的一种非理性和死亡的精神。根据罗拉的说法，与启发艺术家灵感的缪斯女神不同的是，*Duende* 潜伏在艺术家体内，并在艺术追求真实性时被唤醒。然而，与愉悦的精神不同的是，*Duende* 隐藏在艺术家精神状态的“裂缝”中，在忧郁、莫名的悲伤、死亡和非理性时被要求发挥作用。也正是这种对死亡的强烈意识驱使着艺术家们创作。换句话说，*Duende*

① Duende：来自西班牙语，形容隐藏在艺术创作里的一股神秘的力量。

是一种唤起精神，使表演者和观众之间产生一种游戏状态，创造出一种使表演的强度变得更容易被接受的条件。艺术家们不会故意屈从于*Duende*，而是与它进行了一场博弈。罗拉在民间音乐，尤其是在弗拉明柯舞曲和非洲裔美国人的蓝调和爵士乐传统中，识别出了*Duende*[48]。

在他的作品中，萨加赞经常提到艺术家弗朗西斯·贝肯和安东尼·阿姆，他以使用黏土变形和延伸身体轮廓的方式而闻名，使黏土与肉体融为一体。这部16分钟的电影对身体的边界和空间进行了探索，同时也展现出了人类创造的黑暗景象。

虽然电影场景以其恶魔般的偏好捕捉到了*Duende*的力量和精神，但它同时也提到了早期的神话宗教信仰，即人类是由泥土创造出来的。埃及神库纳姆用陶工轮子和泥土创造了人类，而女神哈索尔向泥塑中注入了生命。在苏美尔人的神话中，海洋女神南武用黏土塑造了人类，并把他们作为劳动力带到生活中，以便维护和耕作神灵的土地。在基督教神学中，《创世记》认为上帝从尘土中创造了亚当（希伯来语中的意思是“黏土”），并把生命的气息吹入他的鼻孔。《古兰经》中还提到，真主用泥土创造了人，把他们塑造成人类的样子，并把生命从他们的鼻孔注入。但是就创世神话及其与普格和奈特的电影的相关性而言，都是从希腊神话中获得线索的。为了在与奥林匹斯人的战争中不与泰坦交战而免于牢狱之灾，众神赋予普罗米修斯创造人类的任务。普罗米修斯用泥土塑造了人类的外形，女神雅典娜（战争、智慧的）为泥塑注入了生命。随后普罗米修斯从上帝那里偷走了灵魂，从而赋予了人类灵魂，促进了进步和文明。“普罗米修斯之火”或“热”是生命的物质，在电影中通常以火焰的形式出现，预示着一群身着印有火焰的黑色紧身衣的扭动舞者即将到来。然后舞蹈演员们被穿着金色金属面料的未来女性形象所取代。韦恩·麦格雷戈写道，舞蹈的编排者和舞蹈演员都是“四肢骨折的人”，“舞者们的身体打结，以一种不断延伸的、原始的行为将身体展开，这种行为近乎疯狂，非常原始”。[49]

这部电影以普格的春夏系列作为结尾，这些模特的眼光已经过时，被数字化所淘汰。他们所穿的服装由建筑突出物元素组成，这些突出物元素以很多不同方式使身材看起来变得更加修长或者更壮。这个系列运用了笼状结构和圆柱形的元素，由金属材质、黑色和火红的圆柱礼服以及雕塑性外衣组成，使模特看起来十分奇怪而异样。

这也已经不是 Pugh 第一次用神话主题和人物角色来体现他的系列作品了。他 2015 年春夏系列的灵感来自英国民间传说中的异教仪式，其中包括帕德斯托·欧比·奥斯（Padstow Obby Oss），这是一个有数百年历史的一个“五一”庆祝活动，被称为“hobby horses”（别人早就听腻了，自己却乐此不疲、老爱谈起的话题）的盛装人物为特色。活动于 4 月 30 日午夜在狮子旅店开始，随后穿着帕德斯托·欧比·奥斯服装的年轻人在街道上载歌载舞，在空中挥舞着荧光棒。[50] 这些人参与着“被国家批准”的粗俗行为，包括持枪、醉酒和狂暴的恶作剧。大约 150 年前，吉尔伯特（C.S. Gilbert）在《康沃尔郡历史调查》（1880）中写道：

5 月 1 日，帕德斯托（Padstow）举行了一年一度的庆典，人们将其称为“hobby horses”，居民把马皮放在一个男人身上作为装饰，并且领着他穿过不同的街道。这只看起来长相奇特的动物通过许多异想天开的技艺逗乐了紧随其后的人群，特别是在发现脏水的地方，他就将脏水泼进他这些张着嘴的同行者嘴里。这些把戏伴随着为此而创作的歌曲，自然会让人群发出欢呼声，给他们带来欢乐。[51]

就像普格的 *SS18* 系列一样，他的 *SS15* 系列（包括三部短片，《巨石》《混沌》和《入世》）展示通过视觉、声音和空间来沉浸他们的感官，将观众吸引到另一个世界。正如普格所说："这是要选择一种可以劫持思想的方式来呈现作品，图像被扩展到一定的比例，并与作品背后的感受深度相连在一起。"[52] 就像他 *SS18* 系列里将观众与怪诞和恐怖联系在一起一样，他的 *SS15* 系列也体现了狂欢节的精神。

静态装置

时尚和性有着悠久而稳固的关系，考虑到时尚和性将身体定位为欲望的特权场所，这一点也就不足为奇了。时尚（像性一样）选择了一个已经被展示过的身体，通过一系列的训练、禁忌和违法行为来修饰、展示、修改和增强这个身体。作为一种具体的实践，时尚的象征性符号越来越露骨，也越来越具有暗示性，从而产生了媒体宣传和图像来展示穿透和被穿透的身体。性、恋物癖和恐怖是在展示静态时尚装置时变得突出的主题，特别是在贯穿艺术、时尚和其他创造性实践的概念展览的发展时。这种创造性实践的对话始于 20 世纪 90 年代，当时博物馆或画廊是展示时尚作品的重要空间。正如《时尚与艺术》（2012）中，"设计师被艺术实践所吸引，且随着服装的科技和创新超过了实用性、功能性和可穿戴性，成为了关键的哲学问题，概念时尚应运而生"。春天百货集团（Pinault-Printemps-Redoute）（PPR）、法国酩悦轩尼诗－路易・威登集团（Louis VuittonMoëtHennessey）（LVMH）和凯歌酒厂（Verve Clicquot Ponsardin）等跨国公司作为时装展的主要赞助商加入进来，赚取了可观的利润，进而使品牌与奢侈时尚保持一致。[53]

2015 年，凯歌香槟（Veuve Clicquot）建立了“寡妇”系列，这是一项沉浸式的艺术活动，每年万圣节期间在伦敦举行，其目的是为艾滋病研究筹集资金，并向 1805 年 10 月丧偶的香槟元老芭布·妮可·彭莎登致敬，因此“veuve”也代表了“老”和“寡妇”。每年都会有不同的创意团队策划这一活动，最初是尼克·奈特身临其境的装置作品《美丽的黑暗》。这次装置活动在霍尔伯恩中央圣马丁老建筑的废弃房间举行，包括六部新的时尚电影，以及委托艺术家、表演者、插画家和时装设计师以“恐怖”为主题进行创作。《另类男人》杂志的造型师兼时尚总监艾莉·格雷斯·卡明斯策划了 22 幅时尚插图，描绘了包括纪梵希在内的 2016 年春夏系列的关键造型。香水师迈克尔·博阿迪开发了一种带有玫瑰前调的香水，艺术家罗斯·罗宾森（其创意媒介为动物标本制作）创作了一系列由鸟的羽毛和翅膀制成的雕塑。当观众手持蜡烛穿过昏暗的房间时，迎接他们的是穿着汤姆·布朗哀悼服的工作人员，以及穿着普格设计的服装扭曲、怪诞的小丑（见图 20）。奈特的恐怖之家是一个特定地点的环境，需要观众之间的互动来作为装置的一部分。观众参与在 20 世纪 90 年代已经成为当代艺术的一种时尚，但并不总是能带来感同身受的效果，这对时尚来说似乎是一种近乎自然的策略。通过将观众置于一个与时空隔绝的恐怖世界中，并利用“总体艺术作品”的概念，奈特创建了一个时尚装置，可以体验各个级别的恐怖，并说道：“我策划了这场演出来激发我们的全部感官：视觉、听觉、嗅觉、触觉、味觉以及我们对超自然现象的感觉。”

图 20　加雷思·普格的小丑。2015 年 10 月 28 日，由尼克·奈特和 SHOW studio 策划的凯歌香槟系列“美丽的黑暗”展览在伦敦举行

“我希望‘黑暗之美’将是一场独特的文化活动，它将为与会者提供一种看待时尚和艺术的新方式，并提出一种新的黑暗美学来庆祝万圣节。”[54] 到了 2017 年，作为“寡妇”系列的一部分，巴黎 *Vogue* 曾经的时尚编辑卡琳·罗伊菲尔德和帕特里克·金莱斯（曾是英国 *Vogue* 的创意总监）合作制作了以愤怒、暴食、懒惰、贪婪、欲望、骄傲和嫉妒为主题的时尚装置“七宗罪”（Seven），并参考了 1995 年著名的犯罪惊悚片。与“黑暗之美”一样，“七宗罪”由四层七个房间组成（每个房间都以“罪”为主题），其中包括了汤姆·福特、Fendi、卡尔·拉格斐和瑞克·欧文斯的服装。当观众穿过装置时，身穿汤姆·福特黑色蕾丝的“寡妇”女服务员额外为他们提供了布鲁特香槟。作为一种参与性的行为，观众随后被指示将眼镜扔到第四层的窗台上，创作出水晶碎片一样的马赛克。当奈特用一座废弃的建筑来建造恐怖的房屋时，罗伊特菲尔德和金茅斯的装置却在伊斯灵顿的一

家废弃工厂里。多个楼层及其相互连接的走廊和楼梯给人一种观众正在坠入地狱的感觉（见图 21）。“黑暗之美”和“七宗罪”依靠它们周围的环境来满足观众的期望。一旦进入装置中，空间造成的恐怖、恐惧和孤立的感觉就会产生不适和逃离的欲望。如此一来，观众实际上就装进了作品里。这件作品的作者身份现在已经从策展人转到了观众手中。

图 21　2017 年于伦敦，凯琳 · 洛菲和 CR Studio LA 创作的《维夫 · 克里奎特寡妇》系列

静态装置仍然考虑到了观众的整个感官领域，留下了时间和空间的概念，并使观众沉浸在他们的感官和叙事体验中。艺术、评论家伊利亚 · 卡巴科（Ilya Kabakow）在他“关于‘全部装置’”的演讲中指出，“One”既是一个‘受害者’又是一个观众，他一方面调查和评估装置，另一方面遵循那些在他身上产生的联想和回忆，他被完全错乱的紧张气氛所征服。[55] 这是一种非常后现代的技术，在这种技术中，观看者被带入了另一个世界，在那个世界中，他们批判性的能力暂时

被中止了。

作为迈阿密巴塞尔艺术展的一部分，比利时艺术家卡斯滕·霍勒为普拉达设计了一家快闪夜总会，“迈阿密普拉达双人俱乐部（The Prada Double Club Miami）”在展览会期间开放三个晚上。体验装置包括具有不同风格和功能的室内和室外空间。虽然装置的外部包括一个郁郁葱葱的热带花园，一个舞池以及一个加勒比海风格和南非音乐表演的表演区，但是该俱乐部的内部是单色的，它位于一个20世纪20年代前的电影工作室，并有一种与外部并列的温和氛围。尽管观众是俱乐部的客人，享受着音乐和表演，但他们也是沉浸式装置的一部分。每位表演者都体现了项目本身背后的对立理念：客人和俱乐部成员可以跨越可渗透的边界，冒险进入一场双维度的、“精神分裂”的旅程。霍勒创造了两个对立空间的二元性，并提到，他希望“来宾感觉他们自己是单色区中唯一具有灰色、黑色和白色之外的色彩元素，就像一部黑白电影中的外来元素一样，而在另一边的热带地区作为视觉冲击较大的多色区，来宾在那里看起来会很暗淡[56]”。这不是普拉达第一次举办夜总会，也不是她的第一个装置作品。作为长期的艺术赞助人，普拉达熟悉艺术界的力量，她于1993年成立了Foundazioni Prada，用来举办文化节目并为艺术家提供支持。2005年，普拉达委托艺术家艾莉格林和加里塞特在艺术小镇Marfa附近的得克萨斯沙漠中建了一座雕塑，其形状与普拉达商店类似，还带有两个展示普拉达服装的大窗户。这座永久性雕塑“Prada Marfa”旨在对消费者的消费进行批判性干预。同样地，在2015年，普拉达委托英国名人艺术家达米安·赫斯特（Damien Hirst）在卡塔尔沙漠的一个帐篷中安装了“果汁酒吧”，就像一个海市蜃楼。同年，普拉达邀请雷姆·库哈斯和艺术家弗朗切斯科·维佐利创建了一个以20世纪90年代为主题的聚会场所，以推出普拉达的扩散线缪缪以及 2016 年的“ Croisière”系列。缪缪俱乐部在巴黎由佩雷设计的 Palais d'ena（1937 年 8 月），是一个已安装干预措施并只有一晚有活动的活动场所。装置包括时装表演、晚宴和几场音乐表演。脚手架被用来在一个房间内创建一系列的房间，包括休息室和化妆室等，这些房间后来作为支撑，上面有一条升高的 T 台[57]。

回过头来看，时尚的呈现似乎很自然地演变成一种多种形式的奇观。正如本杰明评论的那样，18 世纪和 19 世纪发展起来的时尚系统一直是有关梦想的。很早以前，时尚和服装就是关于地位和归属的问题，而现代它们已经完全为所有人所用，与其说它是对合法地位的肯定，不如说是一种对佩戴者和旁观者的愿望或诺言。时尚是关于过去，以及在不断变化的现代中可以被断言的世界。在当代时装秀中，时尚界参与者的心目中的叙事现在都被赋予了风景一般的实体。但令人难以置信的是，书中大量提到有关死亡和恐怖的内容来告诉我们时尚是一种真实存在的东西。如果没有死亡，那么人们就不能完全拥抱或理解生活，梦想就会是噩梦。它们排斥我们，但这是它们魅力和诱惑力的一部分。正是在死亡的回音室①里，当代时尚继续着其奢华的、多感官的诱惑。

---

① 回声室效应（echo chamber effect）：信息或想法在一个封闭的小圈子里得到加强。

结　论

时装研究的宗旨之一是一种具体的实践。理论家和实践者都一再回到这一原则上，以指出时尚与艺术、表演实践和品质之间的差异。时尚对身体的束缚是其力量的源泉，但也是它的弱点，至少从理论上讲，它需要来赋予生命在一个载体——身体上，而身体在动态的运动和在生命的瞬时性中是受到时间支配的。这种逻辑是建立在一种简单的关系上的，这种关系可以追溯到柏拉图，根据柏拉图的观点，事物作为基本的、理想的实体和外表的结合存在。身体是最重要的，是最自然和最基本的核心，而衣服也是重要的元素之一。

现在，时尚研究的第二个宗旨是探索许多条件和论据，这些条件和论据证明这种逻辑是无稽之谈。正是这两个概念之间不断的摩擦，才有了弗里德里希·尼采（Friedrich Nietzsche）的观点，他经常声称他的整个哲学使命是为了推翻柏拉图主义。柏拉图（Plato）想将所有艺术家都驱逐出他理想中的世界，而尼采则坚持认为艺术家是人类的最大仲裁者，甚至是人类过渡到一个新的启蒙阶段的建筑师，在这个阶段，外表比内在本质更为重要。毕竟，人的内在本质是看不见的，而外表却不是。虽然外表所带来的问题是它不能被简化为任何东西，但本质的可约化也是真实的，即本质的还原性不是公理的或可验证的。它只是一种猜测和盲目的信仰，正如尼采所说的那样，它对社会有着更大的影响力。他在《超越善恶》（*Beyond Good and Evil*）一书中写道："如果不以猜测和表象作为赌注，就不会有生命。"不要废除对外貌的任何考虑，他认为，抛开对外在的考虑，就是为了让"真理"变得多余。[1] 这本书并不像第一次想象的那么离奇："为什么我们所关注的世界不应该是一个理想的世界呢？"[2] 世界是由我们的愿望和激情所塑造的，因此我们的思想只是我们的欲望和内在冲动的貌似合理的混合物，真相存在于这个不稳定的预测和假设环境中的某个地方。

因此，这是尼采许多有益的见解之一，只有通过使柏拉图的哲学被永久承认，才能使外观具有应有的关联性，因为失去它就等于失去了对外观的认识。一个人需要认识到一种事物，以便找到压力、表现、联想等因素，这些因素是相加的，对事物施加了自己的认识来对它进行修正。这是我们对稳定的笛卡尔主观性的锚定的幻想，它允许我们装扮、表演、适应和转变。巴特称服装是卓越的符号，是身体从纯粹感觉到赋予意义的过渡的保证。[3] 因此，在着装这一行为中，我们把自己交付给一种"存在"的状态。这种存在是有意义的，它受到无数的向外发展的轨迹的制约。

本书讨论了时装外观中的许多因素，尤其是那些不是环境或偶然事件，而是故意设计成身体伴随着服装"自身"一起使用的因素，以使"时装""身体"之间缺少了彼此就会使它们的含义变得毫无价值。本书的目的不仅是描述时装存在于服装周围的"负空间"的历史，而且提出了一种新的思考时装的方式，即从服装的物质性转移到与它同时存在的想象和虚构的领域。法国置位法强调了放置物品的意向性和自觉性。时尚必须置身于其他表象的范围内，在这些表象中，一个人不仅作为参与者，还要作为表演者。一旦掌握了这一点，就不可能再有时装是时尚的一种表现方法这种简单的想法。相反地，时装的出现总是在模特穿着它们走秀之前。

时装装置是“时尚”主要被调动的地方。比如在商店的设计中，从这些商店拿出来的商品包装盒和包装袋的多种形状、颜色和图案赋予了时尚更广泛的“形象”。短暂而又与周围环境有着紧密联系的时尚装置将观众置于一种始终带有疑问的状态下，因此消费者会觉得自己是一个积极思考的参与者，思考自己在特定的时尚场景中处于什么位置。这也许就是香水在时尚生活中占据如此重要地位的原因。可可香奈儿在第五名中所占的10%的股份使她成为了一个富有的女人。当迪奥和他那一代人在战后时代占据统治地位时，斯基亚帕雷利凭借自己品牌的香水拯救了她的财务地位。人们对马塞尔·罗莎的记忆不再仅仅是因为他的礼服，而是因为他的香水的气味。当我们回顾汤姆·福特、奥斯卡·德拉伦塔到维果罗夫等知名顶级时装设计师时，大多数买不起他们品牌的服装的人都能买得起该类品牌的香水。正是有了香水，设计师才有了最普遍、广泛的“生活”。这些香水一般是无形的，除了在它的使用者作为时尚消费者的空间内时是有形的。

虽然时尚总是与服装联系在一起，但也许时尚的精髓是香水，围绕着它的“空气”，唤起和承诺的诱惑和欲望的绽放。香水需要被喷在身上，需要人们去闻到。香味总是短暂的，但因为通过嗅觉神经来感受香水的气味，所以它的影响可能是最深的，感觉上是最明显的。装置和表现从根本上来说都是瞬时的，会马上消失的，因此也是“最终的”。这种瞬息万变总是与死亡相提并论。时尚与死亡之间的关系是一种常见、必要的哲学限制，在设计师自己的作品中也会被引用。然而，正是这种短暂性，也确保了生活的活力不被减弱。装置、表演和时尚都会过去，但只有它们过去了，才能留下鲜活的记忆。

注 释

导论

［1］要对时尚和表现进行全面的历史和哲学考察，请参阅 Geczy and Karaminas, Fashion’s Double: The Representation of Fashion in Painting, Photography and Film, London and New York: Bloomsbury, 2015.

［2］亚萨纳·克鲁萨，“‘活的玩偶’：弗朗索瓦·艾尔为那些女人装扮”，文艺复兴季刊，60（1），2007 年春季，第 97 页。另见 Adam Geczy, The Artifi cial Body in Fashion and Art: Models, Marionettes and Mannequins, London and New York: Bloomsbury, 2017.

［3］Caroline Evans, A Mechanical Smile: Modernism and the First Fashion Shows in France and America, 1900—1929, New Haven and London: Yale University Press, 2013, 58.

［4］迈克尔·弗里德，“艺术与客观性”，载于 Gregory Battcock, ed., Minimal Art: A Critical Anthology, Berkeley: University of California Press, 1968.

［5］同［4］, 第 128 页。

［6］朱莉安·罗斯:《杂乱的领域中的物体》，2012 年春季，第 126 页。

［7］装置可以被看作是“空间的激活”的起源，在 Geczy 和 Genocchio 编著的 *What Is Installation? Writings on Australian Installation Art* 书的序言中进行了详细探讨，出版地为悉尼力量出版社，2001 年。

［8］引自 Mary Kelly, “No Essential Femininity: A Conversation between Mary Kelly and Paul Smith,” in Mary Kelly: Imaging Desire , Cambridge, MA: MIT Press, 1996, 63.

［9］偏离主题成为一个流行的精神分析概念，特别是在雅克·拉康的著作之

后，他在20世纪60年代后期慢慢进入盎格鲁圈子。有趣的是，凯利评论道："这些首先是由物体和伴随它们的叙事文本所指示的；其次，通过一系列图表，这些图表在其他地方提到了对工作中的经验程序的一种解释；最后，是另一组图表，这些图表专门提到拉康的作品，并提出了基于精神分析的另一种可能的解读。"

［10］引自 Rosalind Krauss, Passages in Modern Sculpture, Cambridge, MA: MIT Press, 1977, 204.

［11］引自 Yvonne Rainer, "A Quasi Survey of Some 'Minimalist' Tendencies in the Quantitatively Minimal Dance Activity Midst the Plethora, or an Analysis of Trio A," in Battcock, ed., *Minimal Art,* 269.

［12］同［11］, 第272页。

［13］另见凯洛琳·埃文斯在介绍她的书 *The Mechanical Set* 时强调："它表明，时尚也是一种具体化的四维实践，既存在于空间中，也存在于时间中，因此，它是情感、商业和文化历史中重要的(如果经常被忽视的)一部分。"见：*A Mechanical Smile: Modernism and the First Fashion Shows in France and America, 1900–1929,* New Haven and London: Yale University Press, 2013, 1.

［14］引自 T.J. Clark, Farewell to an Idea: Episodes from a History of Modernism, New Haven and London: Yale University Press, 2001, 215.

［15］引自 Geczy and Karaminas, Critical Fashion Practice: From Westwood to Van Beirendonck , London and New York: Bloomsbury, 2017.

［16］罗伯特·谢尔曼和理查德·谢尔曼著。

［17］引自 Caroline Evans, Fashion on the Edge, New Haven and London: Yale University Press, 2009, 99.

［18］参见 Adam Geczy 和 Vicki Karaminas, *Critical Fashion Practice from Westwood to Van Beirendonck*, London: Bloomsbury, 2017。

［19］引自 Hettie Jones, "What's in a Rick Owens Retrospective? Whatever He Wants,"《纽约时报》, https://www.nytimes.com/2017/12/15/fashion/rick-owens-retractive.html, 访问日期：2018年7月22日。

1 身体：现场的人

［1］引自 Rhonda Garelick, Mademoiselle: Coco Chanel and the Pulse of History, New York: Random House, 2014, 291.

[2] 引自 Walter Benjamin, The Arcades Project, trans. Howard Eiland and Kevin McLaughlin, Cambridge, MA, and London: Belknap/Harvard University Press, 1999, 405.

[3] 同 [2], 第 406 页。

[4] 同 [2], 第 389 页。

[5] 引自 Eli Friedlander, Walter Benjamin, Cambridge, MA: Harvard University Press, 2012, 101–102.

[6] 亚历山大・盖利对本杰明的神秘的"觉醒"概念作了如下解释:"觉醒的时刻带来的是对"觉醒意识的破坏"的突然意识,这是"已发生的一切"的标志。表示想起、回忆,但也意味着突然的入侵或冲动。因为在梦境中的自我被遮蔽了。只有在觉醒的那一刻,自我才能掌控梦境幻化出来的事物,将其追忆并实现。但是这一刻是瞬息万变的,不能称为拥有。在另一条目中,该现象集中在辩证图像中,如闪电般的闪光(aufblitzendes),并且仅在"可识别性现在"(Jetzt der Erkennbarkeit)中可用(The Arcades Project, 473)。《本杰明的段落:梦想,觉醒》,纽约:福特汉姆大学出版社,2015 年版,第 187 页。

[7] 同 [6], 第 393 页。

[8] 引自 Howard Eiland and Michael Jennings, Walter Benjamin, Cambridge, MA: Harvard University Press, 2014, 498.

[9] 同 [8], 第 492 页。

[10] 阿利斯泰尔・奥尼尔(Alistair O'Neill),"展览:一个立即,个人或家庭使用的衣服的陈列——大展览中的时尚",引自 Geczy and Karaminas, 等 , Fashion and Art, Oxford and New York: Berg, 2012, 190.

[11] 引自 Amy De La Haye, in Amy De La Haye and Valerie Mendes, The House of Worth: Portrait of an Archive, London: V&A Publishing, 2004, 21.

[12] 同 [11]。

[13] 引自 Joanne Entwistle, The Fashioned Body: Fashion, Dress and Modern Social Theory, Cambridge and Malden, MA: Polity, 2000, 233.

[14] 本杰明:《拱廊计划》,第 427 页。

[15] 另见恩特维斯尔,他说:"很明显,时尚不仅作为一种抽象的力量或思想而存在,而且还通过其内部的个体代理商、生产者、购买者、杂志编辑、记者、零售商和消费者的行动付诸实践(时装系统的各个子部分)。必须解读时尚

并使之有意义，这一过程跨越了经济和文化实践，以致无法将经济与文化区分开。”见 The Fashioned Body，第 235 页。

［16］同［15］，第 234 页。

［17］同［15］。

［18］引自 Christopher Breward, The Culture of Fashion, Manchester and New York: Manchester University Press, 1995, 167.

［19］例如，1893 年的芝加哥和 1904 年的圣路易斯。

［20］见 Garelick, Mademoiselle, 第 391 页。

［21］另见“Display” in Geczy, Art: Histories, Theories and Exceptions, Oxford and New York: Berg, 2008, 145–163.

［22］引自 Francis Haskell, The Ephemeral Museum: Old Master Paintings and the Rise of the Art Exhibition, New Haven and London: Yale University Press, 2000, 45.

［23］引自 Robert Jensen, Marketing the Modern in Fin-de-Siècle Europe, Princeton, NJ:Princeton University Press, 1994, 112.

［24］同［23］。

［25］见 http://www.musee-orangerie.fr/en/article/history-water-lilies-cycle, 访问日期：2016 年 11 月 4 日。

［26］引自 Jan Tchichold, Commercial Art (1931)，见 https://thecharnelhouse.org/2014/03/01/el-lissitzkys-soviet-pavilion-at-the-pressa-exhibition-in-cologne-1928/, 访问日期：2016 年 11 月 4 日，emphasis added.

［27］引自 Benjamin Buchloh, “The Dialectics of Design and Destruction: The Degenerate Art Exhibition (1937) and the Exhibition international du Surr é alisme (1938)” , October 150, “Artists, Designs, Exhibitions Special Issue” , Fall, 2014, 57.

［28］同［27］，第 58 页。

［29］同［27］。

［30］同［27］，第 59 页。

［31］Claire Grace, “Spoils of the Sign: Group Material’ s Americana, 1985,” October 150, 139.

［32］最初由 Anthony d’Offay Gallery 创作于伦敦，另见 https://www.centrepompidou.

［33］Nick Knight, “Thoughts on Fashion Film” , SHOWstudio, July 4, 2013, https://www.youtube.com/watch?v=BOBZMS9Bhr0, accessed November 4, 2016.

[34] Rosalind Krauss, "Video: The Aesthetics of Narcissism" , October 1, Spring 1976, 50–64.

[35] 同 [34] , 第 64 页。

[36] 同 [34]。

[37] 引自 Valerie Mendes in De La Haye and Mendes, *The House of Worth*, 39.

[38] 见本杰明 , *The Arcades Project,* 第 74 页。另见埃文斯 *A Mechanical Smile*, 第 25 页。

[39] 正如玛丽 · 路易丝 · 罗伯茨所说，"通过将新时尚的精神与这种自由的现代消费精神融合在一起，时尚的支持者能够将其呈现为解放和解放"。见 "Samson and Delilah Revisited: The Politics of Women' s Fashion in 1920s France," *The American Historical Review*, 98(3), June 1993, 676.

[40] 见埃文斯 *A Mechanical Smile*, 第 30 页。

[41] 迈克尔 · 巴克 (Michael Barker), "巴黎国际展览与现代艺术博览会的成功交融——巴黎，1937 年", *Journal of the Decorative Arts Society 1850–Present,* 27, 2003, 第 19 页。

[42] 本杰明，*The Arcades Project*，第 533 页。

[43] 同 [42]，第 532 页。

[44] 沃尔特 · 本杰明,《科学与技术》杂志 (Das Kunstwek im Zeitalter seiner technischer Repuduzier Barkeit),《美国缅因州法兰克福照明设备》(Illuminanen), 1977 年，第 136–169 页。

[45] 米拉 · 甘尼娃，作为时装秀的魏玛电影 :《迪恩》或《从卢比茨到无声时代的终结的时尚闹剧》,《德国研究评论》，30(2)，2007 年 5 月，第 290 页。

[46] 同 [45]。

[47] 同 [45]，第 306 页。

[48] Elizabeth Wissinger, *This Year's Model: Fashion, Media, and the Making of Glamour,* New York: New York University Press, 2015, 69.

[49] 同 [48]。

[50] 埃文斯，*A Mechanical Smile*，第 30 页。

[51] 同 [50]。

[52] 正如埃文斯评论的那样，"百货商店的演出要么在内部专门建造的舞台

上举行，要么在租用的场地上举行，如剧院和歌剧院，尽管如施韦策所言，后一种选择使它们很容易被杂耍节目制作人盗用”。同［51］，第 90 页。

［53］Samantha Safer, “Designing Lucile Ltd: Couture and the Modern Interior 1900–1920s,” *Journal of the Decorative Arts Society 1850–the Present*, 33, 2009, 41。

［54］同［53］。

［55］同［53］，第 42 页。

［56］同［53］。

［57］正如塞弗所说，在芝加哥玫瑰厅中“将垂悬的织物挂在窗帘上，角落里的梳妆台用塔夫绸和露西尔标志性的荷叶边装饰。桌子上放着一面圆形镜子和个人用品，墙上挂着照片。除了床、椅子和配套的长凳外，还使用了丝绸覆盖的矮凳子作为座位。”同［53］，第 52 页。

［58］Penny Sparke, “The ‘Ideal’ and the ‘Real’ Interior in Elsie de Wolf’ s ‘The House in Good Taste’ of 1913,” *Journal of Design History,* 16(1), 2003, 64.

［59］《十八世纪的肖像》(1857),《十八世纪的女性》(1862)，杜拉 · 巴里 (1878)，杜杜艺术 (1859–1875)。

［60］本杰明 , “Paris, the Capital of the Nineteenth Century,” in Reflections, trans. Edmund Jephcott, New York: Schocken, 1978, 154.

［61］斯帕克,《‘理想’与‘真实’内部》第 75 页。

［62］同［61］。

［63］Joel Kaplan and Shella Stowell, *Theatre and Fashion: Oscar Wilde and the Suffragettes*, Cambridge: Cambridge University Press, 1994, 119.

［64］引自 Andrew Bolton, “Response” (to Caroline Evans), in Christopher Breward and Caroline Evans, eds., *Fashion and Modernity*, Oxford and New York: Berg, 2005, 149.

［65］引自 Paul Poiret, *En habillant l’epoque*, Paris: Grasset, 1930, 137.

［66］同［64］，第 138 页。另见 Geczy, *Fashion and Orientalism: Dress, Textiles and Culture from the 17th to the 21st Century*, New York and London; Bloomsbury, 2013, 138–142.

［67］波列，*En habillant l’epoque,* 第 138 页。

［68］同［67］，第 138–139 页。

［69］同［67］，第 139 页。

［70］同［67］。

［71］Peter Wollen, "Fashion/Orientalism/The Body," *New Formations*,1, Spring 1987, 18.

［72］Marie Clifford, "Helena Rubenstein' s Beauty Salons, Fashion, and Modernist Display," *Winterthur Portfolio*, 38(2/3), Summer/Autumn, 2003, 83.

［73］同［72］。

［74］Helena Rubenstein, *My Life for Beauty*, New York: Simon and Schuster, 1966, 38.

［75］克利福德，"Helena Rubenstein' s Beauty Salons"，第 90 页。

［76］同［75］，第 91 页。

［77］同［75］，第 92 页。

［78］同［75］，第 102 页。

［79］梅尔·西克莱斯特，埃尔莎·夏帕瑞丽，New York: Knopf, 2014, 19.

［80］同［75］，第 129 页。

［81］同［75］，第 130 页。

［82］同［75］，第 136 页。

［83］同［75］，第 172–174 页。

［84］引自 Victoria Pass, "Schiaparelli' s Convulsive Gloves", in Cristina Giorcelli and Paula Rabinowitz, eds., Extravagances, Minnesota: University of Minnesota Press, 2015, 129ff.

［85］同［84］，第 132 页。

［86］同［84］，第 133 页。

［87］引自 Francine Prose, "Elsa Schiaparelli: Le Shocking!", *Aperture*, 176, Fall, 2004, 42.

2 （几乎）没有用实体来展示的时尚

［1］另见 Geczy 和 Karaminas，Critical Fashion Practice。

［2］引自 Vivienne Westwood 和 Ian Kelly，Vivienne Westwood，伦敦：Picador，2014，144。

［3］同［2］。

［4］迈尔斯·查普曼（Miles Chapman），"430 King's Road"，转载于 Claire

Wilcox 等，Vivienne Westwood，伦敦：V&A 出版物，2004 年，第 36 页。

[5] 同 [4]，第 145 页。

[6] Guy Debord, La Societ é du Spectacle, Paris: Buchet Chastel, 1967.

[7] Westwood 和 Kelly, Vivienne Westwood, 178.

[8] John Savage，《青年文化的创造》，Harmondsworth:Penguin，2007，xvi；另见 Ian Chapman，“草地上的午宴与马奈和蝴蝶结：这么多年后仍然令人不安”，音乐与艺术，35（1/2），春 / 秋，2010，95–96。

[9] 查普曼，同 [8]，第 96 页。

[10] Westwood 和 Kelly, Vivienne Westwood, 164.

[11] 同 [10]。

[12] 迈尔斯・查普曼、威尔科克斯等 , Vivienne Westwood 第 36 页。

[13] 艺术论坛评论（1995 年 12 月），时尚杂志 Visionaire（第 17 期）。

[14] 例如，凯洛琳・埃文斯在凯洛琳・埃文斯和苏珊娜・弗兰克尔的《维果罗夫之家》中的作品 , Cat. Barbican Centre, London and New York: Merrell, 2008, 12.

[15] 引自 http://www.basenotes.net/ID26123491.html .

[16] 引自 Bonnie English, Japanese Fashion Designers: The Work and Influence of Issey Miyake, Yohgi Yamamoto and Rae Kawakubo, London: Bloomsbury, 2011, 159.

[17] 维果罗夫（Viktor & Rolf），引自 Angel Chang，“Viktor and Rolf”，载于 Valerie Steele 等, The Berg Companion to Fashion，牛津：伯格出版社，2010 年，第 710 页。

[18] 引自 Caroline Evans, Fashion at the Edge, New Haven and London: Yale University Press, 2009, 93.

[19] 引自 http://bombmagazine.org/article/2606/santiago-sierra.

[20] 海因里希・冯・克莱斯特（Heinrich von Kliest），“关于木偶剧院”（1810 年），Seal-Werke，Leipzig:Im Insel Verlag 等。见盖奇：《时尚与艺术中的人造体》，6，第 54–60 页。

[21] 同 [20]。

[22] 另见艾文斯 , Fashion on the Edge, 166ff.

[23] 引自 http://www.indexmagazine.com/interviews/viktor_and_rolf.shtml, 访问日期：2016 年 11 月 21 日。

［24］参见简·穆尔瓦格（Jane Mulvagh），时尚 / 抵抗模式：1944 年末，巴黎是自由的，但时尚产业却一蹶不振。一个独特的艺术合作有助于重建法国时装。《独立报》1994 年 7 月 31 日报道，http://www.independent.co.uk/arts-entertainment/fashion-modes-of-resistance-in-late–1944–paris-was-free-but-the?fashion-industry-was-in-tatters-a–1418052.html, accessed November 23, 2016; Secrest, Schiaparelli, 292–295.

［25］Lauren Le Rose, “荷兰设计大师的维果罗夫将他们的‘玩偶’收藏带到皇家安大略省卢米纳托博物馆 ,” Style, National Post, 2013 年 4 月 19 日：http://news.nationalpost.com/life/dutch-design-gurus-viktor-rolf-bring-their-dolls-collection-to-the-royal-ontario?museum-for-luminato, accessed November 18, 2015.

［26］Interview with Susanna Frankel, in Caroline Evans and Frankel, eds., The House of Viktor & Rolf, London: Merrell Publishers and the Barbican Gallery, 2008, 23.

［27］同［26］第 24 页。

［28］Cate Trotter, “50 Most Beautiful Concept Stores in the World,” https://www.linkedin.com/pulse/50–most-beautiful-concept-stores-world-cate-trotter/，访问日期：2018 年 1 月 15 日。

［29］Elizabeth Patton 和 Vanessa Friedman, “科莱特时尚目的地——巴黎，将于 2017 年 12 月 12 日闭幕” *Fashion and Style,* 纽约时报：https://www.nytimes.com/2017/07/12/fashion/colette-paris-sarah-andelman.html, 访问日期：2018 年 1 月 21 日。

［30］莎拉·鲍克内赫特（Sara Bauknecht）, “大苹果要去度假了？纽约多佛街市场是一个必看的购物目的地”：http://www.post-gazette.com/life/fashion/2017/11/13/Dover-Street-Market-New-York-shopping-destination-NYC-Comme-des-Garcons/stories/201711120012.

［31］玛西麦地那 (Marcy Medina), “Hermes Opens Final ‘Hermesmatic’ Pop Up at Westfield Century City,” http://www.com/fashion-news/fashion-scoops/hermes-opens-final-hermesmatic-pop-up-at?westfield-century-city–11048056.

［32］引自 Patrizia Calefato, Fashion, Time, Language, Balti Moldova: Editions Universitaires Europeennes, 2017, 39.

［33］卡莱法托（Calefato）,《时尚》, 第 39 页。

［34］卡莱法托（Calefato），《时尚》，第 39 页。

［35］https://www.ranker.com/list/best-luxury-fashion-brands/ranker-shopping.

［36］奥托·里沃特等：《品牌设计：零售设计的经验世界》，波士顿和柏林：Berhauser Verlag AG，2002 年。

［37］奥托·里沃特等：《零售设计》，纽约：Nte Neues，2000 年，第 38 页。

［38］拉尔夫·劳伦公司的产品分为四大类：服装、家居、配件和香水。品牌包括 Ralph Lauren Purple Label、Ralph Lauren Collection、Double RL、RLX、American Living、Lauren Ralph Lauren、Polo Ralph Lauren 儿童用品、Ralph Lauren Home、Chaps 和 Club Monaco。

［39］D. J.Huppatz 和 Veronica Manlow，“生产和消费美国神话：大众市场时尚公司的品牌塑造”，载于《全球时尚品牌：风格、奢华与历史》，约瑟夫·汉考克Ⅱ、Gjoko Muratovski、Veronica Manlow 和 Anne Pierson Smith，布里斯托尔：智力，2014，23–40。

［40］大卫·坎普，“伦敦再次摇摆”，浮华世界，2007 年 2 月 7 日，https://www.vanityfair.com/magazine/1997/03/london199703。

［41］塞思·安布拉莫维奇（Seth Ambramovitch），“Paul Smith 精品店与 Instagram 合作，为 L.A Pride 打造彩虹条纹”，https://www.hollywoodreporter.com/news/paul-smiths-pink-boutique-unveils-rainbow?stripes-la-pride–1008273。

［42］Leah Chernikoff,“香奈儿超市大扫除”，https://www.elle.com/fashion/news/a19050/chanel-fall–2014–runway-show-supermarket-decor。

［43］威廉梅耶斯，“马克西姆是这个游戏的名字”纽约时报，http://www.nytimes.com/1987/05/03/magazine/maxim-s–name-is-the-game.html?pagewanted=all。

［44］弗兰克·J. 普里尔，“Maxim’s the Paris Restaurant Is Sold to Cardin Enterprises,”纽约时报，http://www.nytimes.com/1981/05/06/garden/maxim-s–the-paris-restaurant-is-sold-to?cardin-enterprises.html, 访问日期：2018 年 2 月 16 日。

［45］同［43］。

［46］皮尔卡丹和马克西姆餐厅之间的许可协议包括一个扩散标签和 800 多个许可证持有人，销售九百种产品，其中包括在 93 个国家的家居用品。

［47］皮埃尔·布迪厄（Pierre Bourdieu），“区分：品味判断的社会批判”，载自卡罗尔·康尼汉和佩妮·范埃斯特里克等，《食品和文化：读者》，第三版，纽约和伦敦：劳特利奇，2013 年。

［48］引自 Norbert Elias, The Civilizing Process, The History of Manners, Oxford: Blackwell, 1969.

［49］莱特霍尔，“Why Food Is Less about the Tag and More about the Experience,” taghttps://relate.zendesk.com/articles/foodporn-less-about-tag-more-about-experience/, 访问日期：2018 年 2 月 23 日。

［50］杰夫·威廉斯，“2017 年的千禧一代将如何塑造食品” https://www.forbes.com/sites/geoffwilliams/2016/12/31/how-millennials-will-shape-food-in-2017/#5cd004e26a6d, accessed February 22, 2018.

3 空间中的身体与总体艺术作品

［1］Karl Friedrich Eusebius Trahndorff, Ä sthetik oder Lehre von Weltanschauung und Kunst, 2 vols, Berlin, 1827.

［2］见《艺术与宗教》(1849)、《未来艺术作品》(1849)、《歌剧与戏剧》(歌剧与戏剧，1852 年)。

［3］引用沃尔夫·格哈德·施密特的话，“什么是‘全部艺术作品’？”对于媒体这个术语的历史重新定义，《音乐科学档案》，68（2），2011，160。

［4］“每一种艺术都不能创造出新的东西”，理查德·瓦格纳，*Schriften und Dichtungen*，莱比锡：布罗德黑德，1848–1926，v.12269。

［5］另见乌苏拉·雷恩·沃尔夫曼（Ursula Rehn Wolfman），“理查德·瓦格纳的‘总体艺术作品’概念”，插曲，2013 年 3 月 12 日，http://www.interlude.hk/front/richard-wagners-concept-of-the?gesamtkunstwerk/，访问日期：2016 年 11 月 24 日。

［6］卡罗琳·伯德索尔：《德国的声音、技术和城市空间，1933–1945》，阿姆斯特丹：阿姆斯特丹大学出版社，2012 年，143.

［7］同［6］，第 145 页。

［8］同［6］，第 157 页。

［9］同［6］，第 162 页。

［10］Julia Cloot, “Züge eines Gesamtkunstwerks? Richard Wagner und das Aktuelle Musiktheater”, *Neue Zeitschrift für Musik* (1991–?), 174(1), 2013, 29–31.

［11］同［10］，第 33 页。

［12］安妮特·迈克尔逊，“‘Where Is Your Rupture?’: Mass Culture and the

Gesamtkunstwerk", October 56, 1991 年春 , 第 58 页。

[13] 引自苏珊娜·弗兰克尔（Susannah Frankel),"简介"，安德鲁·博尔顿等，亚历山大·麦奎因：野蛮之美，纽黑文，伦敦和纽约：耶鲁大学出版社和大都会艺术博物馆，2011 年，第 24 页。

[14] 同 [13]，第 22 页。

[15] 安德鲁·博尔顿，同序言，第 12 页。

[16] 同 [15]。

[17] 见盖奇，*Artificial Bodies*, 73–75.

[18] 另见"Long Love McQueen", http://the-widows-of-culloden.tumblr.com/post/58537891727/alexander-mcqueen-ss-1997-la-poupee-the, 访问日期：2016 年 12 月 27 日。

[19] 朱莉·沃斯克（Julie Wosk）对麦昆（McQueen）为马林斯（Mullins）的服装配饰所作的评论如下：不过，麦昆 1999 年为马林斯设计的时装组合却矛盾地自由和拘束。在纽约大都会艺术博物馆举行的 2011 年麦昆时尚大片《亚历山大·麦昆：野蛮之美》展览中，一个人体模特穿着设计师为马林斯设计的作品之一：棕色皮革紧身胸衣、奶油色丝质蕾丝裙子和定制的用木头雕刻的口型图案做假肢。紧身胸衣的部分被放大的缝线拼接在一起，就像《弗兰肯斯坦的新娘》的拼接框架，但层叠的蕾丝裙使外观显得柔和。正如剧团所暗示的那样，麦昆自己扮演了弗兰肯斯坦的角色。女性机器人、机器人和其他人造伊芙，新不伦瑞克：罗格斯大学出版社，2015 年，第 173 页。

[20] 斯蒂芬·西利，"如何给没有器官的人打扮？情感时尚与非人类"《妇女研究季刊》，2012 年春 / 夏，第 253 页。

[21] 埃文斯，*Fashion at the Edge*, 98.

[22] 同 [21]，第 102 页。

[23] 迈克尔·斯佩克特，"Le Freak C'est Chic," 卫报 , https://www.the guardian.com/theobserver/2003/nov/30/features.magazine47, 访问日期：2017 年 11 月 23 日。

[24] 金杰·格雷格·达根，"地球上最伟大的表演：当代时装秀及其与表演艺术的关系"，见《时尚理论》，第 5 卷第 3 期，第 250 页。

[25] 引自 Caroline Evans, Fashion at the Edge, New Haven and London: Yale University Press, 2003, 26.

[26] https://www.youtube.com/watch?v=UxOuOMcNvSU.

［27］见 Laird Borrelli-Persson, “John Galliano Fall 1997 Ready-to-Wear,Runway, Vogue,” https://www.vogue.com/fashion-shows/fall–1997–ready-to-wear/john-galliano, 访问日期：2017 年 11 月 15 日。

［28］同［24］，第 249 页。

［29］Suzy Menkes, “Galliano’s Diorient Express Runs Out of Steam,” The New York Times, http://www.nytimes.com/1998/07/21/style/gallianos-diorient-express-runs-out-of-steam.html, 访问日期：2017 年 11 月 28 日。

［30］奥斯卡·王尔德，“谎言的堕落”，引自亚当斯等：《柏拉图以来的批判理论》，纽约：哈考特·布雷斯，1992 年，第 684 页。

［31］爱德华：《东方主义：西方东方观念》，伦敦：企鹅出版社，1978 年，第 36 页。

［32］同［31］，第 30 页。

［33］Rebecca Mead, “Iris Van Herpen’s High Tech Couture,” The New Yorker, https://www.newyorker.com/magazine/2017/09/25/iris-van-herpens-hi-tech-couture, 访问日期：2018 年 7 月 10 日。

［34］“水衣”，艾瑞丝·范·赫彭的仿生学，Promytyl 博客，国际风格和趋势 办 公 室，http://www.promostyl.com/blog/en/the-water-dress-by-iris-van-herpen/, 访问日期 2018 年 7 月 10 日。

［35］萨 拉 · 摩 尔 , https://www.vogue.com/fashion-shows/spring–2010–ready-to-wear/alexander?mcqueen, 访问日期 2018 年 1 月 8 日。

［36］萨米拉·赫索姆 ,“T 台上的技术：对 BFC 商务总监 Jenico Preston 的采访 ”，nomomagnews.com/blog/2017/11/18/tech-on-the-runway-an-interview-with-jenico?preston-bfc-commercial-director, accessed November 26, 2017.

［37］吉莉安·萨甘斯基，“捕捉难以捉摸的纪梵希 2016 春季秀”，W 杂志在线 版 , https://www.wmagazine.com/story/givenchy-spring–2016–marco-brambilla, 访问日期 2017 年 12 月 10 日。

［38］同［37］。

［39］维基·卡拉米拉 ,“图像：时尚景观对媒体技术的理解及其对当代时尚形象的影响,” 盖奇、卡拉米拉等，时尚与艺术，第 180 页。

［40］《从卡隆塞勒街 55 号到卡隆塞勒街的服装设计》，以及《卡隆西姆纳的服装设计与实践》，第 55 页。

［41］加雷斯普格，2015年春/夏，Showstudio. https://www.youtube.com/watch?v=qeaXJhQyjAI。

［42］尼克·奈特和黛安·史密斯，"尼克·奈特：节目主持人黛安·史密斯访谈录"，Aperture，197，2009年冬，第74页。

［43］同［42］。

［44］汉娜·廷德尔、尼克·奈特和加雷斯·普格，关于时尚的未来，茫然，见 http://www.dazeddigital.com/fashion/article/37426/1/gareth-pugh-and-nick-knight-on-the-future-of?fashion-film-ss18，访问日期：2018年1月6日。

［45］娜塔莎·伯德（Natasha Bird），"加雷思·普格在2018春夏伦敦时装周期间在BFI IMAX上演激进时尚电影。见 http://www.elleuk.com/fashion/trends/news/a38640/gareth-pugh?stages-radical-fashion-film-at-the-imax/，访问日期：2018年1月8日。

［46］夏洛特滔滔不绝地说：加雷斯想用他那部发自内心的反时尚电影《i-D》来劫持你的思想。见 https://i-d.vice.com/en_uk/article/7xkvpd/gareth-pugh-wants-to-hijack-your-mind-with-his?visceral-anti-fashion-film，访问日期：2018年1月5日。

［47］乔治·巴塔伊尔：《情色，死亡与性》，旧金山：城市之光图书，1957年，第58页。

［48］Federico Garc í a Lorca, Theory and Play of the Duende, trans. A. S. Kline, 2007, http://www.poetryintranslation.com/PITBR/Spanish/LorcaDuende.php，访问日期：2018年1月14日。

［49］杰里·斯塔福德，"Presenting Gareth Pugh's Vision for Spring/Summer 2018"，Vogue, http://www.vogue.co.uk/article/gareth-pughs-springsummer–2018–film，访问日期：2018年1月8日。

［50］参见盖奇和卡拉米娜的章节 Gareth Pugh's Corporeal Uncommensurabilities，从 Westwood 到 Van Beirendonck 的关键时尚实践，伦敦：Bloomsbury，2017.

［51］Padstow Obby 操作系统，见 https://padstowobbyoss.wordpress.com/about/，访问日期：2018年1月10日。

［52］娜塔莎·伯德（Natasha Bird），"2018春夏伦敦时装周期间，Gareth Pugh 在BFI IMAX上演激进时尚电影。" http://www.elleuk.com/fashion/trends/news/a38640/gareth-pugh?stages-radical-fashion-film-at-the-imax/，访问日期：2018年1月10日。

［53］亚当·盖奇和维基·卡拉米娜:《时尚与艺术》，牛津：伯格，第 9 页。

［54］见 www.nickknight.com，访问日期：2018 年 1 月 12 日。

［55］Kabakov, Ilya, On the “Total” Installation, Ostfi ldern, Germany: Cantz, 1995, 243–260.

［56］爱丽丝·哈里森，“卡斯滕·霍勒为普拉达创建了一个弹出式俱乐部”，https://www.ignant.com/2017/12/13/carsten-holler-creates-a–pop-up-nightclub-for-prada/, 访问日期：2018 年 1 月 15 日。

［57］关于 Miuccia Prada 与艺术合作关系的更详细的批判性分析，请参阅亚当·盖奇（Adam Geczy）和维基·卡拉米娜（Vicki Karaminas）中的“Miuccia Prada 的工业唯物主义”一章，伦敦：布鲁姆斯伯里，2017 年，第 61–76 页。

结　论

［1］引自 Friedrich Nietzsche, *Jenseits von Gut und Böse*, in Werke, Salzburg: Verlag Das Bergland-Buch, 1985, 4: 179.

［2］同［1］，第 180 页。

［3］引自 Roland Barthes, *The Fashion System*, trans. Matthew Ward and Richard Howard, Berkeley and London: California University Press, 1990, 258.

参考文献

[1] Ambramovitch, Seth. "Paul Smith Boutique Partners with Instagram on Rainbow Stripes for LA Pride," https://www.hollywoodreporter.com/news/paul-smiths-pink-boutique-unveils-rainbow-stripes-la-pride–1008273. Accessed February 8, 2018.

[2] Barker, Michael. "International Exhibitions at Paris Culminating with the Exposition Internationale des Arts et Techniques dans la vie moderne—Paris 1937," *Journal of the Decorative Arts Society 1850–Present*, 27, 2003, 6–21.

[3] Barthes, Roland. *The Fashion System*, trans. Matthew Ward and Richard Howard, Berkeley and London: California University Press, 1990.

[4] Bataille, Georges. *Eroticism, Death and Sexuality*, trans. Mary Dalewood, San Francisco: City Lights Books, 1957.

[5] Battcock, Gregory, ed. *Minimal Art: A Critical Anthology*, Berkeley: University of California Press, 1968.

[6] Bauknecht, Sara. "Big Apple Bound for the Holidays? Dover Street Market New York is a Must-See Shopping Destination," http://www.post-gazette.com/life/fashion/2017/11/13/DoverStreet-Market-New-York-shopping-destination-NYC-Comme-des-Garcons/ stories/201711120012. Accessed January 23, 2017.

[7] Benjamin, Walter. *Illuminationen*, Frankfurt am Main: Suhrkamp, 1977.

[8] Benjamin, Walter. *Refl ections*, trans. Edmund Jephcott, New York: Schocken, 1978.

[9] Benjamin, Walter. *The Arcades Project*, trans. Howard Eiland and Kevin McLaughlin, Cambridge, MA, and London: Belknap/Harvard University Press, 1999.

[10] Bird, Natasha. "Gareth Pugh Stages Radical Fashion Film at the BFI IMAX during London Fashion Week SS18," http://www.elleuk.com/fashion/trends/news/a38640/gareth-pugh-stages-radical-fashion-fi lm-at-the-imax/. Accessed January 8, 2018.

[11] Birdsall, Carolyn. *Sound, Technology and Urban Space in Germany, 1933–1945*, Amsterdam: Amsterdam University Press, 2012.

[12] Bolton, Andrew, ed. *Alexander McQueen: Savage Beauty*, New Haven, London, and New York: Yale University Press and the Metropolitan Museum of Art, 2011.

[13] Bourdieu, Pierre. "Distinction: A Social Critique of the Judgement of Taste," in Carole Counihan and Penny Van Esterick, eds. *Food and Culture: A Reader*, third edition, New York and London: Routledge, 2013.

[14] Breward, Christopher. *The Culture of Fashion*, Manchester and New York: Manchester University Press, 1995.

[15] Breward, Christopher and Caroline Evans, eds. *Fashion and Modernity*, Oxford and New York: Berg, 2005.

[16] Buchloh, Benjamin. "The Dialectics of Design and Destruction: The *Degenerate Art* Exhibition (1937) and the *Exhibition international du Surr é alisme* (1938)", October, 150, "Artists, Designs, Exhibitions: Special Issue, " Fall, 2014, 49–62.

[17] Calefato, Patrizia. *Fashion, Time, Language*, Balti Moldova: Editions Universitaires Europeannes, 2017.

[18] Chapman, Ian. "Luncheon on the Grass with Manet and Bow Wow Wow: Still Disturbing after All These Years," *Music and Art*, 35 (1/2), Spring/Fall, 2010, 95–104.

[19] Chernikoff, Leah. "Chanel's Supermarket Sweep," https://www.elle.com/fashion/news/a19050/ chanel-fall–2014–runway-show-supermarket-decor/ Accessed July 22, 2018.

[20] Clark, T. J. *Farewell to an Idea: Episodes from a History of Modernism*, New Haven and London: Yale University Press, 2001.

[21] Clifford, Marie. "Helena Rubenstein's Beauty Salons, Fashion, and Modernist Display" , *Winterthur Portfolio*, 38 (2/3), Summer/Autumn, 2003, 83–108.

[22] Cloot, Julia. “Züge eines Gesamtkunstwerks? Richard Wagner und das Aktuelle Musiktheater,” *Neue Zeitschrift f ü r Musik (1991—?)*, 174 (1), 2013, 28–33.

[23] Croizat, Yassana. “‘Living Dolls’: Fran çois Ier Dresses His Women” , *Renaissance Quarterly*, 60 (1), Spring 2007.

[24] Debord, Guy. *La Societ é du Spectacle*, Paris: Buchet Chastel, 1967.

[25] De La Haye, Amy and Valerie Mendes. *The House of Worth: Portrait of an Archive*, London: V&A Publishing, 2004.

[26] Duggan, Ginger Gregg. “The Greatest Show on Earth: A Look at Contemporary Fashion Shows and Their Relationship to Performance Art” , *Fashion Theory*, 5 (3), 243–270.

[27] Eiland, Howard and Michael Jennings. *Walter Benjamin*, Cambridge, MA: Harvard University Press, 2014.

[28] Elias, Norbert. *The Civilizing Process*, Vol: *The History of Manners*, Oxford: Blackwell, 1969.

[29] English, Bonnie. *Japanese Fashion Designers: The Work and Influence of Issey Miyake, Yohgi Yamamoto and Rae Kawakubo*, London: Bloomsbury, 2011.

[30] Entwistle, Joanne. *The Fashioned Body: Fashion, Dress and Modern Social Theory*, Cambridge and Malden, MA: Polity, 2000.

[31] Evans, Caroline. *Fashion at the Edge*, New Haven and London: Yale University Press, 2009.

[32] Evans, Caroline. *A Mechanical Smile: Modernism and the First Fashion Shows in France and America, 1900–1929*, New Haven and London: Yale University Press, 2013.

[33] Evans, Caroline and Susannah Frankel, eds. *The House of Viktor & Rolf*, London: Merrell Publishers and the Barbican Gallery, 2008.

[34] Friedlander, Eli. *Walter Benjamin*, Cambridge, MA: Harvard University Press, 2012.

[35] Galley, Alexander. *Benjamin’s Passages: Dreaming, Awakening*, New York: Fordham University Press, 2015.

[36] Ganeva, Mila. “Weimar Film as Fashion Show: ‘Konfektionskom ö dien’ or Fashion Farces from Lubitsch to the End of the Silent Era” , *German Studies*

Review, 30 (2), May 2007, 288–310.

[37] Garelick, Rhonda. *Mademoiselle: Coco Chanel and the Pulse of History*, New York: Random House, 2014.

[38] Geczy, Adam. *Fashion and Orientalism: Dress, Textiles and Culture from the 17th to the 21st Century*, New York and London: Bloomsbury, 2013.

[39] Geczy, Adam. *The Artificial Body in Fashion and Art: Models, Marionettes and Mannequins*, London and New York: Bloomsbury, 2017.

[40] Geczy, Adam and Benjamin Genocchio, eds. *What Is Installation? Writings on Australian Installation Art*, Sydney: Power Publications, 2001.

[41] Geczy, Adam and Vicki Karaminas, eds. *Fashion and Art*, Oxford and New York: Berg, 2012.

[42] Geczy, Adam and Vicki Karaminas. *Fashion's Double: The Representation of Fashion in Painting, Photography and Film*, London and New York: Bloomsbury, 2015.

[43] Geczy, Adam and Vicki Karaminas. *Critical Fashion Practice: From Westwood to van Beirendonck*, London and New York: Bloomsbury, 2017.

[44] Giorcelli, Cristina and Paula Rabinowitz, eds. *Extravagances*, Minnesota: University of Minnesota Press, 2015.

[45] Gordon, Beverly. "Woman's Domestic Body: The Conceptual Conflation of Women and Interiors in the Industrial Age," *Winterthur Portfolio*, 31 (4), 1996, 281–301.

[46] Grace, Claire. "Spoils of the Sign: Group Material's *Americana*, 1985, " *October* 150, "Artists Designs Exhibitions Special Issue" , Fall, 2014, 133–160.

[47] Gush, Charlotte. "Gareth Wants to Hijack Your Mind with His Visceral Anti-Fashion Film, i-D" , https://i-d.vice.com/en_uk/article/7xkvpd/gareth-pugh-wants-to-hijack-your-mind-with-his-visceral-anti-fashion-fi lm. Accessed January 5, 2018.

[48] Harrison, Alice. "Carsten H ö ller Creates a Pop-Up Club for Prada," https://www.ignant. com/2017/12/13/carsten-holler-creates-a–pop-up-nightclub-for-prada/. Accessed January 15, 2018.

[49] Haskell, Francis. *The Ephemeral Museum: Old Master Paintings and the Rise of*

the Art Exhibition, New Haven and London: Yale University Press, 2000.

[50] Hersom, Samira. "Tech on the Runway: An Interview with Jenico Preston, BFC Commercial Director" , nomomagnews.com/blog/2017/11/18/tech-on-the-runway-an-interview-with-jenicopreston-bfc-commercial-director. Accessed November 26, 2017.

[51] Huppatz, D. J. and Veronica Manlow. "Producing and Consuming American Mythologies: Branding in Mass Market Fashion Firm" , in *Global Fashion Brands: Style, Luxury and History*, ed. Joseph Hancock II, Gjoko Muratovski, Veronica Manlow, and Anne Pierson Smith, Bristol: Intellect, 2014.

[52] Jensen, Robert. *Marketing the Modern in Fin-de-Si è cle Europe*, Princeton, NJ: Princeton University Press, 1994.

[53] Kabakov, Ilya. *On the "Total" Installation*, Ostfi ldern, Germany: Cantz, 1995, 243–260.

[54] Kamp, David. "London Swings Again," *Vanity Fair*, February 7, 2007, https://www.vanityfair.com/ magazine/1997/03/london199703. Accessed February 8, 2018.

[55] Kaplan, Joel and Shella Stowell. *Theatre and Fashion: Oscar Wilde and the Suffragettes*, Cambridge: Cambridge University Press, 1994.

[56] Karaminas, Vicki. "Image: Fashionscapes—Notes Toward an Understanding of Media Technologies and Their Impact on Contemporary Fashion Imagery" , in *Fashion and Art*, ed. Adam Geczy and Vicki Karaminas, Oxford: Berg, 2012.

[57] Kelly, Mary. *Mary Kelly: Imaging Desire*, Cambridge, MA: MIT Press, 1996.

[58] Kleist, Heinrich von. "Ü ber das Marionettentheater" , *S ä mtliche Werke* (1810), Leipzig: Im Insel Verlag, n.d.

[59] Knight, Nick. "Thoughts on Fashion Film" , SHOWstudio, July 4, 2013, https://www.youtube.com/ watch?v=BOBZMS9Bhr0.

[60] Knight, Nick and Diane Smith. "Nick Knight: Showman—An Interview with Diane Smith" , *Aperture*, 197, Winter 2009, 68–75.

[61] Krauss, Rosalind. "Video: The Aesthetics of Narcissm" , *October* 1, Spring 1976: 50–64.

[62] Krauss, Rosalind. *Passages in Modern Sculpture*, Cambridge, MA: MIT Press,

1977.

[63] Le Rose, Lauren. "Dutch Design Guru's Viktor and Rolf Bring Their 'Dolls' Collection to the Royal Ontario Museum for Luminato" , Style, *National Post*, April 9, 2013, http://news.nationalpost. com/life/dutch-design-gurus-viktor-rolf-bring-their-dolls-collection-to-the-royal-ontario-museum-for-luminato. Assessed November 18, 2015.

[64] Lighthall, Sara. "Why Food Is Less about the Tag and More about the Experience" , https://relate. zendesk.com/articles/foodporn-less-about-tag-more-about-experience/. Accessed February 23, 2018.

[65] Lorca, Frederico Garcia. *Theory and Play of the Duende*, trans. A. S. Kline, 2007, http://www. poetryintranslation.com/PITBR/Spanish/LorcaDuende.php. Accessed January 14, 2018.

[66] Mead, Rebecca. "Iris Van Herpen's High Tech Couture" , *The New Yorker,* https://www.newyorker. com/magazine/2017/09/25/iris-van-herpens-hi-tech-couture, Accessed July 10, 2018.

[67] Medina, Marcy. "Hermes Opens Final 'Hermesmatic' Pop-Up at Westfield Century City" , http:// wwd.com/fashion-news/fashion-scoops/hermes-opens-fi nal-hermesmatic-pop-up-at-westfi eld-century-city–11048056/. Accessed November 24, 2018.

[68] Menkes, Suzy. "Galliano's Diorient Express Runs Out of Steam" , *The New York Times*, http://www. nytimes.com/1998/07/21/style/gallianos-diorient-express-runs-out-of-steam.html. Accessed November 28, 2017.

[69] Meyers, William H. "Maxim's Is the Name of the Game" , *The New York Times*, http://www.nytimes. com/1987/05/03/magazine/maxim-s–name-is-the-game. html?pagewanted=all. Accessed February 18, 2018.

[70] Michelson, Annette. "'Where Is Your Rupture?' : Mass Culture and the Gesamtkunstwerk" , *October*, 56, Spring 1991, 42–63.

[71] Mulvagh, Jasne. "FASHION/Modes of Resistance: In Late 1944, Paris Was Free, but the Fashion Industry Was in Tatters. A unique artistic collaboration helped to re-establish French couture. Its heroes were 70cm tall" , *Independent*, July 31, 1994, http://www.independent.co.uk/arts-entertainment/fashion-modes-

of-resistance-in-late–1944–paris-was-free-but-the-fashion-industry-was-in-tatters-a–1418052.html.

[72] Nietzsche, Friedrich. *Jenseits von Gut und Böse*, in *Werke*, Salzburg: Verlag Das Bergland-Buch, v. 4, 1985.

[73] Patton, Elizabeth and Vanessa Friedman. "Collette Fashion Destination Paris Is to Close in December" , July 12, 2017, Fashion and Style, *The New York Times*, https://www.nytimes. com/2017/07/12/fashion/colette-paris-sarah-andelman. html. Accessed January 21, 2018.

[74] Poiret, Paul. *En habillant l'epoque*, Paris: Grasset, 1930.

[75] Pollock, Griselda. *Vision and Difference: Feminism, Femininity and Histories of Art*, London and New York: Routledge, 2003.

[76] Prial, Frank J. "Maxim's the Paris Restaurant Is Sold to Cardin Enterprises" , *The New York Times*, http://www.nytimes.com/1981/05/06/garden/maxim-s–the-paris-restaurant-is-sold-to-cardin-enterprises.html. Accessed February 16, 2018.

[77] Prose, Francine. "Elsa Schiaparelli: Le Shocking!" , *Aperture* 176, Fall 2004, 42–47.

[78] Rehn Wolfman, Ursula. "Richard Wagner's Concept of the '*Gesamtkunstwerk*'" , *Interlude*, March 12, 2013, http://www.interlude.hk/front/richard-wagners-concept-of-the-gesamtkunstwerk/.

[79] Riewoldt, Otto. *Retail Design*, New York: Nte Neues, 2000.

[80] Riewoldt, Otto, ed. *Brandscaping: Worlds of Experience in Retail Design*, Boston and Berlin: Berhauser Verlag AG, 2002.

[81] Roberts, Mary Louise. "Samson and Delilah Revisited: The Politics of Women's Fashion in 1920s France" , *The American Historical Review*, 98 (3), June 1993, 657–684.

[82] Rose, Julian. "Objects in the Cluttered Field" , *October* 140, Spring 2012, 126.

[83] Rubenstein, Helena. *My Life for Beauty*, New York: Simon and Schuster, 1966.

[84] Safer, Samantha. "Designing Lucile Ltd: Couture and the Modern Interior 1900–1920s" , *Journal of the Decorative Arts Society 1850–the Present*, 33, 2009, 38–53.

[85] Sagansky, Gillian. "Capturing the Elusive Givenchy Spring 2016 Show" , *W*

Magazine online, https://www.wmagazine.com/story/givenchy-spring–2016–marco-brambilla. Accessed December 10, 2017.

[86] Said, Edward W. *Orientalism: Western Conceptions of the Orient.* London: Penguin, 1978, 36.

[87] Savage, John. *The Creation of Youth Culture*, Harmondsworth: Penguin, 2007.

[88] Schmidt, Wolf Gerhard. "Was ist ein ' *Gesamtkunstwerk*' ? Zur medienhistorischen Neubestimmung des Begriffs" , *Arvhiv f ü r Musikwissenschaft*, 68 (2), 2011, 157–179.

[89] Secrest, Meryle. *Elsa Schiaparelli*, New York: Knopf, 2014.

[90] Seely, Stephen. "How Do You Dress a Body without Organs? Affective Fashion and Nonhuman Becoming" , *Women's Studies Quarterly*, 41 (2), Spring/ Summer, 2012, 247–265.

[91] Sparke, Penny. "The 'Ideal' and the 'Real' Interior in Elsie de Wolf's 'The House in Good Taste' of 1913" , *Journal of Design History*, 16 (1), 2003, 63–76.

[92] Specter, Michael. "Le Freak C'est Chic" , *The Guardian,* https://www.theguardian.com/ theobserver/2003/nov/30/features.magazine47. Accessed November 23, 2017.

[93] Stafford, Jerry. "Presenting Gareth Pugh's Vision for Spring/Summer 2018" , *Vogue*, http://www. vogue.co.uk/article/gareth-pughs-springsummer–2018–fi lm. Accessed January 8, 2018.

[94] Steele, Valerie. *The Berg Companion to Fashion*, Oxford: Berg, 2010.

[95] Tindle, Hannah. "Nick Knight and Gareth Pugh on the Future of Fashion" , *Dazed*, http://www. dazeddigital.com/fashion/article/37426/1/gareth-pugh-and-nick-knight-on-the-future-of-fashion-fi lm-ss18. Accessed January 6, 2018.

[96] Trahndorff, Karl Friedrich Eusebius. *Ä sthetik oder Lehre von Weltanschauung und Kunst*, 2 vols, Berlin, 1827.

[97] Trotter, Cate. "50 Most Beautiful Concept Stores in the World" , https://www.linkedin.com/ pulse/50–most-beautiful-concept-stores-world-cate-trotter/. Accessed January 15, 2018.

[98] Vreeland, Diana. *D.V.*, Weidenfeld and Nicolson: London, 1984.

[99] Wagner, Richard. *S ä mtliche Schriften und Dichtungen*, Leipzig: Breitkopf & H ärtel, 12 vols, 1848–1926.

[100] Westwood, Vivienne and Ian Kelly. *Vivienne Westwood*, London: Picador, 2014.

[101] Wilde, Oscar. "The Decay of Dying", in H. Adams, ed., *Critical Theory since Plato*. New York: Harcourt Brace, 1992.

[102] Williams, Geoff. "How Millenials Will Shape Food in 2017", https://www.forbes.com/sites/ geoffwilliams/2016/12/31/how-millennials-will-shape-food-in–2017/#5cd004e26a6d. Accessed February 22, 2018.

[103] Wissinger, Elizabeth. *This Year's Model: Fashion, Media, and the Making of Glamour*, New York: New York University Press, 2015.

[104] Wollen, Peter. "Fashion/Orientalism/The Body", *New Formations*, 1, Spring 1987, 5–33.

[105] Wosk, Julie. *Female Robots, Androids, and Other Artificial Eves*, New Brunswick: Rutgers University Press, 2015.

影片目录

The Hunger, dir. Tony Scott, Metro-Goldwyn-Mayer, 1983.

以上未引用的互联网来源

[1] http://bombmagazine.org/article/2606/santiago-sierra.

[2] The Padstow Obby Oss, https://padstowobbyoss.wordpress.com/about/. Accessed January 10, 2018.

[3] Gareth Pugh, Spring/Summer 2015, Showstudio. https://www.youtube.com/watch?v=qeaXJhQyjAI https://www.centrepompidou.fr/cpv/resource/cLjdb4/rjAaKR.

[4] https://thecharnelhouse.org/2014/03/01/el-lissitzkys-soviet-pavilion-at-the-pressa-exhibition-in-cologne–1928/.

[5] http://www.indexmagazine.com/interviews/viktor_and_rolf.shtml.

[6] http://www.musee-orangerie.fr/en/article/history-water-lilies-cycle.

[7] http://the-widows-of-culloden.tumblr.com/post/58537891727/alexander-mcqueen-ss–1997–la-poupee-the.

[8] https://www.ranker.com/list/best-luxury-fashion-brands/ranker-shopping. Accessed February 1, 2018.

[9] The "Water-Dress" . Biomimicry by Iris Van Herpen, Promystyl Blog, International Style and Trend Offi ce, http://www.promostyl.com/blog/en/the-water-dress-by-iris-van-herpen/, accessed July 10, 2018.